부모의 말이 아이의 인생이 된다

부모의 말이 아이의 인생이 된다

박수현 지음

midnight
책방 bookstore

아이에게 가장 쉽게
지혜를 전달하는 법

가족끼리 서로 상처를 입히는 가장 대표적인 무기는 '말'입니다. 반면 상처 입은 마음을 치유하는 것 또한 '말'입니다. 치유의 말은 공감하는 말입니다. 공감은 상대의 마음을 헤아리려는 태도입니다. 머리로 이해하지 못해도 '너는 그럴 수도 있겠다'라고 여기는 마음입니다. 나라면 저럴 것 같지 않지만, 그럼에도 불구하고 상대와 마음의 온도를 맞추려고 하는 과정입니다.

딸에게 공감의 중요성에 대해 배웠다는 지인의 이야기입니다.

"친구와 싸워 내 마음에 불이 났는데, 엄마는 먼저 내 마음에 난 불을 꺼주지 않고 다음번에 마음에 불이 나지 않는 방법만 알려주니까 더 속상해요"라고 아이가 말했다고 합니다. 불이 났을 때는 먼저 화재를 진압하고 그 후에 원인을 파악하고 재발을 방지하는 것이 순서입니다. 마음에 불이 났을 때도 마찬가지입니다. 마음의 불을 끄는 것이 가장 먼저입니다. 그런데 부모는 아이의 잘못을 인지한 바로 그 순간, 그 잘못을 지적하고 대안을 제시하려 합니다.

내 집이 불타고 있는데, 소방관이 불을 끌 생각은 하지 않고 화재의 원인과 예방법에 대해서만 설명하고 있다고 상상해 보세요. 애가 타 발을 동동 구르는 사람도 있을 것이고, 누군가는 소리 지르며 화를 낼지도 모르겠습니다. 아이 마음의 불을 끄지 않고 조언을 하는 부모를 대하는 아이의 심정이 이와 같습니다. 아이가 버릇이 없어 부모의 조언을 받아들이지 않고 화를 내는 것이 아니라, 마음의 여유가 없는 것입니다.

공감은 아이를 오냐오냐, 버릇없이 키우는 것이 아닙니다. 바람이 거세게 불 때는 옆 사람의 목소리가 들리지 않습니다. 공감은 마음의 불을 끄고, 소용돌이치는 바람을 잠재웁니다. 그래서 부모의 조언이 아이에게 닿을 수 있게 합니다.

공감은 부모가 권위를 잃지 않고 훈육하기 위한 수단입니다. 아이는 화내며 윽박지르는 부모를 두려워하지 존경하지 않습니다. 부모가 화내지 않고 말해도 아이가 따르고 존중할 때 부모의 권위가 세워집니다. 부모의 권위가 세워져야 삶의 지혜를 아이에게 전달할 수 있습니다.

'육아의 정답'이라는 포장을 하고 부모들을 유혹하는 이야기들은 넘쳐납니다.

"책을 많이 읽는 것이 가장 중요해요."

"영어는 빨리 시작할수록 좋습니다."

"어릴 때는 놀이로 뇌를 발달시켜야 해요."

실제 이 방법으로 성공했다는 사례들도 인터넷에서 쉽게 찾아볼 수 있습니다. 이러한 육아 성공담을 보면 부모의 마음은 흔들립니다. 다른 아이와 비교하면 내 아이의 단점이 도드라져 보이기도 합니다. 그러면서 슬며시 불안감이 올라와 '나도 이렇게 해볼까?'라는 생각이 듭니다.

부모를 유혹하는 반짝이는 수많은 것들 중에서 내 아이에게 꼭 필요한 것들을 채워주려면 '내 아이가 어떤 어른이 되면 좋을까?'라는 대명제를 곱씹어 보시기 바랍니다. 이 대명제는 변하지 않지만, 그것을 실현하기 위한 세부 사항은 변할 수 있습니다. 급변하는 세상에서 내 아이에게 맞는 최적의 육아법은 변할 수 있습니다. 육아의 뿌리는 단단하게 지키되, 탐스러운 열매를 맺게 하기 위한 영양분은 골고루 주는 지혜가 필요합니다.

저는 비교적 빨리 육아의 오답을 알아차리고 제 잘못을 고쳐서 다행이라고 여기고 있습니다. 그리고 부모가 바뀌었을 때 아이가 얼마나 드라마틱한 변화를 보여주는지를 교육 현장에서 실감하고 있습니다.

부모의 불안과 조급함은 아이를 불안하고 자신감 없게 만듭니다. 부모는 아이의 뿌리이니 당연한 결과입니다. 뿌리가 조금만 흔들려도 가지는 사납게 흔들리는 것처럼 부모의 불안과 조급함은 아이에게 영향을 미칩니다. 그래서 부모는 단단한 육아관을 가져야 합니다.

단단한 육아관은 변하지 않는 신념을 바탕으로 주변의 상황을 받아들이는 육아에 대한 가치관을 말합니다. 한번 정한 규칙을 무조건 끝까지 밀고 나가는 것과는 다른 '변하지 않을 육아의 핵심 가치관'을 말합니다. 이 육아의 핵심 가치를 세우기 위해서 5년 후 아이의 미래만 보지 말고 10년 후, 20년 후의 미래를 상상해 보시기 바랍니다.

이 책을 통해 육아의 무게가 조금이라도 가벼워질 수 있기를, 아이의 마음을 헤아리는 계기가 되기를, 흔들림 없는 나만의 육아관을 가질 수 있기를 바랍니다. 그리고 무엇보다 아이의 인생을 빛나게 하는 말을 전달하는 부모가 되시기를 소망합니다. 부모의 말은 아이의 인생이 됩니다.

목차

(1장) 부모의 사랑이 무게가 되지 않으려면

4장

아이가 잘못했을 때
훈육보다 필요한 것

1장

부모의 사랑이
무게가 되지 않으려면

한계가 아닌
성장에 초점을 맞춰라

"오빠, 공룡은 못 만들어."

"아니야. 난 공룡을 부활시키는 박사님이 될 거야!"

두 아이가 서로의 말이 맞다며 주장하다 제게 판결을 요청합니다.

"공룡을 지금 만들 수는 없어. 하지만 오빠가 과학자가 되어서 연구를 성공시킬 수는 있지."

"그거 봐! 엄마가 할 수 있다고 하시잖아. 난 꼭 공룡을 부활시킬 거야."

부모의 말은 아이의 인생에 많은 영향을 줍니다. 그래서 부모가 아이의 능력과 가능성을 어떻게 보는지가 중요합니다. 부모가 아이에게 긍정적인 메시지와 격려를 아끼지 않으면, 아이는 자신에게 더 많은 가능성이 있다고 믿고 더 큰 도전을 하게 됩니다.

반대로 부모가 아이에게 부정적인 메시지를 전달하면, 아이는 자신을 낮게 평가하고 자신감을 잃게 됩니다. 아이가 자신의 능력과 가능성을 제대로 발휘하지 못하게 하고, 나아가 무기력하게 만듭니다.

미국의 심리학자 마틴 셀리그먼Martin Seligman의 '학습된 무기력learned helplessness'이란 노력해도 결과가 바뀌지 않으면 더 이상 시도하지 않는다는 이론입니다. 벼룩이 담긴 통에 전기자극을 주면 벼룩은 자극을 피하기 위해 뛰어오릅니다. 하지만 아무리 높이 뛰어도 자신이 전기자극을 피할 수 없다는 것을 깨달으면 전기자극에도 더 이상 뛰어오르지 않게 된다는 실험 결과는 많은 생각을 하게 합니다.

"아이가 하는 이야기가 재미있으면 얼마나 재미있었겠어요. 그런데 그 이야기를 항상 즐겁게 들어주셨어요. 덕분에 제가 말을 잘하는 것 같아요."

말 잘하기로 유명한 이금희 아나운서와 김미경 강사에게는 공통점이 있습니다. 어린 시절 몇 시간을 이야기해도 즐겁게 들어준 부모님이 계셨다는 점입니다. 이야기를 해도 부모님이 들어주지 않았다면 더 이상 하고 싶지 않았을 것입니다. 나아가 아이에게는 다른 사람들과 대화하는 것이 어렵게 느껴질 수 있습니다.

학습된 무기력과 한계 설정은 서로 밀접한 관련이 있습니다. 한계 설정은 자신의 능력과 역량에 한계를 정해두는 것입니다. 이러한 생각은 '나는 말을 잘 못해'라고 능력을 제한하거나, '말해봤자 내 이야기를 안 들어줄 거야'라고 결과를 두려워하게 만들어 새로운 도전을 어렵게 합니다.

예를 들어 '사람들은 내 이야기에 귀 기울여주지 않아'라는 생각을 가지고 있는 아이는 발표가 긴장되고 두렵습니다. 그리고 발표를 망치면, 원인을 노력이 부족해서가 아니라 '나는 원래 말을 잘 못하는 사람이니까'라는 능력 부족으로 해석할 가능성이 높습니다. 이러한 사고방식은 성장의 방해 요소가 됩니다.

이처럼 학습된 무기력과 한계 설정은 연결되어 있습니다. '연습하면 나도 잘할 수 있어'라는 생각으로 적극적인 태도를 취하면 학습된 무기력을 극복하고 성취감을 높일 수 있습니다. 이 과정을 통해 아이는 더욱 발전할 수 있습니다. 하지만 '연습하면 잘할 수 있어'라는 메시지도 잘못 전달하거나 지나친 압박을 줄 경우, 오히려 성장에 방해가 됩니다.

"아정이는 그림 몇 장 그렸어요? 우리 은경이는 10장밖에 못 그렸어요."

사생대회를 앞둔 엄마들의 대화입니다. 사립 초등학교 인근 미술학원은 사생대회가 열리기 한 달 전부터 학생들이 많아집니다. 사생대회에서 그릴 그림을 미리 연습하기 위해서입니다.

초등학교 아이들의 실력은 큰 차이가 없으니 똑같은 그림을 10장, 20장 그려보면 상을 받을 수 있습니다. 그런데 정작 상을 받은 아이는 "난 그림을 못 그려요"라고 말합니다. 이 그림 하나만 잘 그리는 자신의 진짜 실력은 상을 받을 만하지 못하다고 생각하기 때문입니다. 부모는 단기간의 투자로 아이가 성취감을 가질 기회라고 생각하지만, 아이는 상을 받아 오라는 압박으로 여깁니다.

아이의 성취감을 높여주는 방법은 과도한 압박이 아닌 충분한 시간입니다. 다른 아이들보다 일찍 시작하거나 매일 좀 더 많은 시간을 투자하는 것입니다.

예를 들면 보통 아이들이 6~7세부터 피아노를 시작하는데 이보다 1년 빨리 피아노를 시작하는 것입니다. 먼저 시작한 아이는 친구들보다 피아노를 잘 칠 수 있습니다. 재능이 없는 평범한 아이들에게 1년의 시간은 따라갈 수 없는 큰 격차입니다. 피아노에서 시작한 '나는 잘하는 사람'이라는 자신감은 다른 영역까지 확대될 수 있습니다. 독서도 마찬가지입니다. 친구들보다 많은 책을 읽어서 상식이 풍부하고, 어휘력이 좋은 아이는 자신감을 갖게 됩니다.

나이에 맞는 적절한 과제를 제공하는 것도 아이가 능력을 발휘하며 자신감을 키우는 데 도움이 됩니다. 너무 쉬운 과제는 아이를 지루하게 만들고, 너무 어려운 과제는 아이의 자신감을 떨어뜨리고 학습된 무기력을 유발할 수 있습니다.

만 3~5세의 아이는 과일 씻기나 주먹밥 만들기, 만 6~8세의 아이는 운동화 끈 묶기와 리본 매듭 만들기, 만 9~11세 아이는 볶음밥 만들기와 봉사활동 참여하기 등과 같은 도전 과제를 주고, 아이가 꾸준히 노력할 수 있도록 성장과 발전을 격려하세요. 부모의 긍정적인 메시지와 칭찬은 아이의 자기효능감을 향상시키고, 더 높은 수준의 성취를 이룰 수 있게 합니다.

'고정 마인드셋'을 가진 사람들은 자신의 능력과 성장 가능성이 정해져 있고, 이를 넘어서기 어렵다고 생각합니다. 반면 '성장 마인드셋'을 가진 사람들은 노력을 통해 능력을 발전시키고 원하는 만큼 성장할 수 있다고 믿습니다. 그래서 자신의 능력에 대한 한계를 설정하지 않고, 더 높은 수준까지 성장하기 위해 노력합니다.

실제로 자녀가 어려운 수학 문제를 풀 때 부모가 "문제가 어려워도 노력하면 해낼 수 있을 거야"라고 말하면, 자녀의 성장 마인드셋과 자기효능감이 향상된다는 것이 연구를 통해 입증되었습니다.

다음은 아이에게 '고정 마인드셋을 만드는 부모의 말'과 '성장 마인드셋을 만드는 부모의 말'입니다. 다음 예시를 일상에서 적절하게 활용해 보시길 바랍니다.

"네가 그것을 어떻게 하니?"
→ "지금은 하지 못했지만, 나중에는 할 수도 있지."

"네가 진짜 100점 맞을 수 있다고 생각해?"
→ "네가 그렇게 생각한다면 할 수 있지."

"일은 시키는 대로만 하면 돼."
→ "같은 일도 어떻게 하느냐에 따라 결과가 달라져."

아기 코끼리를 길들이기 위해 눈에 잘 띄는 주황색 줄로 코끼리 다리를 나무 기둥에 묶으면 처음에는 그 줄을 끊기 위해 노력합니다. 하지만 아무리 애를 써도 그 줄을 끊지 못한다는 것을 깨닫게 되면 더 이상 그 줄을 끊기 위해 노력하지 않게 됩니다. 심지어 몸집이 다 커도 주황색 줄로 묶으면 끊을 생각을 하지 않습니다. 충분한 힘이 있지만 스스로 한계를 설정하고 시도조차 하지 않는 것입니다.

무심코 하는 부모의 말은 마치 주황색 줄과 같습니다. 따라서 부모는 아이가 성장하면서 마주치게 되는 실패와 어려움을 긍정적으로 접근해야 합니다. 실패를 다음 단계로 나아가는 성장의 기회로 바라볼 수 있을 때 아이가 얻을 수 있는 지혜는 더 깊어지고, 기회는 더 많아질 것입니다.

아이에게 좋은
롤모델이 되고 싶다면

아동발달학에 따르면 부모의 역할은 아이가 성장하면서 달라져야 합니다.

· 영유아(0~2세)

아이가 말로 의사를 표현하지 못하고, 스스로 돌볼 수 없는 단계입니다. 부모가 아이의 식사, 수면, 청결 등을 전적으로 맡고, 안전한 환경을 제공해야 합니다.

• 학령전기(3~5세)

경험하고 배운 것을 이해하고, 자신의 생각을 표현할 수 있는 시기입니다. 부모는 아이를 한 인격체로 존중하고, 정서적으로 안정된 환경을 제공하며, 자기관리 능력을 기를 수 있도록 도와주어야 합니다.

• 학령기(6~12세)

성취에 대한 흥미를 갖게 되고, 읽기와 쓰기를 통해 학습 능력이 향상되면서 세상에 대한 이해력이 높아집니다. 새로운 경험을 통해 성취감을 느낄 수 있는 기회를 제공하는 것이 중요합니다.

• 청소년기(13~18세)

독립성이 점차 높아지는 단계입니다. 부모는 아이의 자율성을 존중하고, 독립적인 생각과 결정을 할 수 있도록 지원해야 합니다.

• 청년기(19세 이상)

성인으로 성장해 직장이나 대학에서 독립적인 생활을 하는 시기입니다. 부모는 자녀의 삶에 직접적으로 개입하지 않아도 되며, 필요한 경우 조언이나 지원을 할 수 있습니다.

부모의 주도적인 개입이 필요한 것은 영유아 시기인 2세까지로 제한됩니다. 아이가 성장할수록 독립성과 자율성을 존중하는 것이 중요합니다. 부모가 직접 지시하는 것보다 롤모델이 되는 것이 아이에게 더 도움이 되는 이유입니다.

몇 년 전 EBS에서 '보보 인형 실험'을 방영하였습니다. 이것은 1961년 스탠퍼드대학 심리학과 앨버트 밴듀라Albert Bandura 교수가 '사람은 직접적인 경험과 보상을 통해서만 배우는 것이 아니라, 다른 사람의 행동과 그 결과를 관찰하는 것만으로도 모방학습이 가능하다'는 것을 증명한 실험입니다.

보보 인형 실험에서는 3가지 상황을 가정하였습니다. 세 그룹의 아이들이 보보 인형을 가지고 노는 어른의 모습을 관찰하게 했는데 첫 번째 그룹은 어른이 인형을 때리면서 노는 모습을, 두 번째 그룹은 어른이 인형을 예뻐하면서 노는 모습을, 세 번째 그룹은 어른이 인형을 전혀 신경 쓰지 않고 노는 모습을 보게 하였습니다. 그 후 아이들을 한 명씩 어른이 놀았던 방에 입장시키고 어떻게 놀이를 하는지 관찰하였습니다.

그 결과 어른이 인형을 때리면서 노는 모습을 본 아이 9명 중 7명이 공격적인 행동을 따라 했고, 어른이 인형을 예뻐하는 모습을 본 아이 7명 중 3명이 친절한 행동을 따라 했습니다. 두 번째 그룹에서 공격적인 행동을 보인 아이는 한 명도 없었습니다. 그리고 어른이 인형을 신경 쓰지 않고 놀이를 하는 모습을 관찰한 그룹의 아이들 6명은 인형에 모두 무관심한 행동을 보였고 한 명도 공격적인 행동을 하지 않았습니다. 아무 설명 없이 그저 보았을 뿐인데 어른을 따라 하는 아이들의 모습에서 부모가 평소 보이는 모습이 얼마나 중요한지 알 수 있습니다.

부모의 생활 습관, 말하는 방법 등 눈에 보이는 것만 아이가 따라 하는 것은 아닙니다. 아이는 눈에 보이지 않는 부모의 가치관, 신념 등도 닮게 됩니다.

하버드대 교육대학원 조세핀 킴Josephine Kim 교수는 '자존감이 낮은 엄마에게 양육되는 아이는 높은 자존감을 갖기 어렵다'고 강조합니다. 휴스턴대 사회복지대학원 브레네 브라운Brene Brown 교수는 '자신이 갖고 있지 않은 것을 다른 사람에게 줄 수는 없다'고 했습니다.

아이에게 사랑을 주고 싶다면 부모에게 사랑이 있어야 하고, 아이가 자존감 높은 사람이 되기를 바란다면 부모가 자존감 높은 사람이 되어야 합니다.

부모의 어떤 모습이 자녀에게 좋은 영향을 줄 수 있을까요? 이에 대해 다양한 의견이 있을 수 있지만, 일반적으로 자녀에게 긍정적인 영향을 주는 부모들의 공통점은 다음과 같습니다.

1. 존중하고 이해하는 태도

부모가 자녀를 존중하고 이해해주면, 자녀는 자신을 존중하는 법을 배우고 부모와의 관계에 안정감을 느낍니다. 이러한 분위기는 자녀가 부모와의 대화에서 자신의 생각과 감정을 솔직하게 표현할 수 있게 만들어 줍니다. 이는 자녀가 사람들과 소통하는 방법을 배우고, 건강한 인간관계를 형성하는 데 큰 도움이 됩니다.

2. 긍정적인 태도

부모의 칭찬과 격려는 자녀가 긍정적인 자아를 형성하는 데 도움이 됩니다. 긍정적인 자아는 자신의 능력에 대한 확신을 갖게 하며, 문제가 생겼을 때 적극적으로 대처할 수 있게 합니다.

또한 부모의 긍정적인 태도는 가족 간 갈등을 줄이고 화목한 분위기를 만들어 자녀가 정서적 안정과 행복을 느끼는 데 중요한 역할을 합니다.

3. 책임감과 예의

부모가 책임감을 가지고 자녀를 보살필 때 자녀는 안정감을 느끼고 신뢰하게 됩니다. 이는 자녀의 미래에 대한 불안감을 줄여주고, 성장하면서 안정적인 인간관계를 형성할 수 있게 합니다.

또한 부모의 예의 바른 태도는 자녀가 사회적으로 성숙해지는 데 도움이 되고, 대인관계에서도 존중과 이해를 바탕으로 건강한 소통을 할 수 있게 합니다.

4. 자기계발

부모가 공부하고 새로운 도전을 하면서 성장하는 모습을 보여주면, 자녀도 삶의 자세를 본받습니다. 자기계발을 통해 성취감을 느끼고, 자신의 가능성을 믿고 더 높은 목표를 향해 노력하게 됩니다.

저는 책 한 권을 읽으면 실천하기 가장 쉬운 것 하나를 생활에 적용하고 있습니다. 한 달에 책 1권을 읽으면, 1년이면 12가지의 좋은 태도를 갖게 됩니다. 책을 읽고 지식으로 끝내는 것이 아니라 삶이 변하는 모습을 아이가 보고 배울 수 있습니다.

작은 말투의 변화가 가족 모두에게 큰 영향을 주기도 합니다. 저희 가족의 가장 흐뭇한 변화는 '덕분에'라는 단어를 사용하는 것입니다.

"당신 덕분에 일을 잘 마무리할 수 있었어."

"지훈이 덕분에 엄마가 정말 행복해."

"오빠 덕분이야, 고마워."

누구도 억지로 강요하지 않았지만 '덕분에'라는 말을 듣고 기분이 좋았던 가족들은 서로 감사의 마음을 나누게 되었습니다.

아이에게 롤모델이 된다는 것은 거창하고 어려운 일이 아닙니다. 내가 할 수 있는 가장 간단한 실천을 통해서도 훌륭한 롤모델이 될 수 있습니다.

아이를
믿는다는 것

임신했다는 사실을 알게 되면, 엄마들은 태교를 시작합니다. 아이의 EQ와 IQ를 높이기 위해 청력이 발달하는 시기인 20주 무렵부터 클래식 음악을 듣고 책을 읽기도 합니다. 아이의 수학 머리를 발달시키기 위해 19단까지 구구단을 외우거나 수학 문제집을 푸는 경우도 있습니다.

아이가 태어난 지 얼마 되지 않았을 때부터 영어 노래나 영어 동화를 종일 들려주는 엄마들도 있습니다. 좋은 교육과 환경을 제공하면 아이가 유전적인 한계를 뛰어넘어 부모보다 더 나은 삶을 살 수 있을 거라고 기대합니다.

이처럼 대다수의 부모들은 아이를 똑똑하게 키우는 데 집중합니다. 최고의 운동선수 연봉이 약 600억에 달하고, 유튜브 계정이 20억에 팔리는 등 학벌과는 상관없이 성공하는 사람들의 이야기를 쉽게 접하는 세상이지만, 여전히 부모들은 좋은 성적을 받는 것이 아이가 잘살 수 있는 방법이라고 믿습니다.

우리 부모님 세대는 한강의 기적과 같은 급격한 경제 성장을 체험한 분들입니다. '개천에서 용 난다'는 말처럼 가까운 지인이나 친인척이 성공하는 모습을 목격하기도 했습니다. 신분 상승을 거둔 주인공들은 대부분 열심히 공부하여 우수한 대학에 진학하고 안정적인 직장에 들어가거나 좋은 직업을 가졌습니다. 그 결과, 우리는 부모님으로부터 공부가 성공의 지름길이라는 가르침을 받았고, 세계적으로도 이례적인 교육열을 가진 나라에서 학창 시절을 보냈습니다.

높은 교육열을 온몸으로 겪고 자란 지금의 부모들은 공부가 정답은 아니라는 것을 압니다. 그럼에도 불구하고 교육에 집중하는 이유는 운동선수나 유튜버 같은 직업들은 성공 확률이 낮고 불안정해서 공부가 미래를 보장해줄 수 있는 가장 안정적인 길이라고 생각하기 때문입니다.

4차 산업혁명 시대의 변화에 대해 많은 연구가 진행되고 있습니다. 그중 사람들을 놀라게 한 발표가 "향후 수십 년 안에 일자리의 반이 사라질 것이다"라는 것인데, 2013년 옥스퍼드대학에서 한 연구에 따르면 미국 전체 고용의 약 47%가 향후 수십 년 안에 자동화로 대체될 것이라고 합니다.

몇 년 전부터 키오스크로 음식을 주문하고, 로봇이 커피를 만들고, 서빙 로봇이 음식점 안을 돌아다닙니다. 무인 로봇 커피숍에는 직원이 상주하지 않고, 키오스크가 있는 매장에 최소한의 직원만 있는 것을 보면 기존 일자리의 반이 사라지는 과도기에 있는 것 같습니다.

국내도 다르지 않습니다. 2020년 한국고용정보원은 2012년부터 2019년까지 사업장 직무를 조사해 《한국직업사전 통합본 제5판》을 발간했습니다. 총 1만 2823개의 직업이 등재되었는데, 8년 만에 새로운 직업이 3525개 증가하고 18개의 직업이 사라졌습니다. 직업이 사라졌다는 것은 종사자가 한 명도 없다는 말입니다.

그중 하나는 플라즈마 영상 패널PDP, plasma display panel 관련 직업입니다. 2014년 6월 TV 디스플레이로 쓰이던 PDP의 국내 생산이 중단되면서 관련 직업 11개가 사라졌습니다. 영화 필름 관련 직업도 사라진 직업이 되었습니다. 2012년 결혼 혼수로 TV를 선택할 때 PDP와 LED 사이에서 고민했었는데 몇 년 뒤 사라질 제품인 줄 알았으면 하지 않았을 고민입니다.

우리는 몇 년 뒤 미래도 예측할 수 없는 세상을 살고 있습니다. 이 시대를 살아가는 부모들은 지난 세대로부터 물려받은 '공부를 잘하는 것이 최선'이라는 생각의 틀을 깨야 합니다.

진화생물학자인 이화여대 최재천 교수는 대학교 졸업식 축사로 학생들에게 성공하려면 부모님의 말을 듣지 말라고 이야기하였습니다. 그 자리에 참석한 부모들에게 앞으로 미래가 어떻게 바뀔지도 모르면서 과거의 경험을 바탕으로 한 부모의 선택이 정답이라고 강요하지 말라는 경각심을 일깨우는 메시지입니다. 최재천 교수는 부모가 할 일은 자녀의 결정을 믿고 뒤에서 응원하며 박수쳐주는 일이라고 하였습니다.

친정에서 첫아이를 낳고 몸조리를 할 때의 일입니다. 아이가 처음으로 엎드려 머리를 들려고 시도할 때의 요란함은 지금 생각해도 웃음이 납니다. 마치 올림픽에 출전한 선수를 응원하는 것처럼 온 가족이 큰 소리로 외쳤습니다.

"옳지, 잘한다!", "조금만 더!", "힘내!"

아이는 몇 번이고 실패했지만 매번 "수고했어", "어제보다 더 잘하더라", "한 번만 더 하면 될 것 같아"라는 격려를 받았습니다. 가족 중 누구도 "네가 벌써 그게 될 리가 있니?", "쓸데없이

힘 빼지 마"라고 하지 않았고, 마침내 머리를 들어 올렸을 때 "잘
했어!", "진짜 대단해!"라는 칭찬을 아낌없이 했습니다.

처음 뒤집기를 시도할 때, 처음 일어설 때, 처음 한걸음 내딛
을 때, 처음 컵으로 물을 마실 때, 처음 엄마라는 말을 할 때, 처
음으로 이름을 쓸 때 등 부모는 아이가 해낼 수 있게 믿어줍니
다. 또 바닥에 매트를 깔고, 테이블 모서리에 보호대를 끼우는
등 마음껏 도전할 수 있도록 안전한 환경을 만들고, 아이가 성장
하는 모든 순간을 응원합니다.

부모의 돌봄을 받지 못한 아이는 보살핌을 받은 아이보다 발
달 속도에서 차이가 납니다. 아이가 성장하기 위해서는 생존에
필수적인 조건 외에도 관심과 응원이 필요하기 때문입니다.

아이가 걷기 위해서는 2000~3000번 넘어져야 한다고 합니
다. 아이는 부모의 응원과 격려를 받으며 넘어졌다 일어서길 반
복하다가 결국 혼자 걸을 수 있게 됩니다.

느렸던 첫째 아이에게 저는 이보다 몇 배 더 많은 응원을 보
냈습니다. 30개월 무렵, 자폐 스펙트럼의 가능성이 있다는 이야
기를 듣고 나서도 제 아이가 멋진 어른으로 성장하지 못할 거라
는 생각은 한 번도 하지 않았습니다.

다른 아이에게 다섯 번 알려주면 되는 것을 내 아이가 오십
번을 배워서 알 수 있다면 오십 번 알려주면 될 일이었습니다.

제가 다양한 응원 방법으로 아이의 힘을 북돋아주는 일만 포기하지 않으면 되었습니다. 의자 위에 올라서서 기립 박수를 치기도 하고, 말없이 꼬옥 안아주기도 하면서 아이가 지치지 않도록 도왔습니다. 다른 아이들과 비교하지 않고, 자신만의 속도로 차근차근 성장해가는 제 아이를 믿었습니다. 그 결과 아이는 발명 센터와 영재원에서 깊이 있게 배우는 것을 즐기고 새로운 일에 도전하는 것을 기대하는 학생이 되었습니다.

아이는 자라면서 부모의 믿음과 응원 속에서 많은 일들을 해냅니다. 믿음은 아직 이루어지지 않아 눈에 보이지 않더라도 실현될 거라고 믿는 것입니다.

임신 초기 지하철을 탔을 때 임산부 좌석에 앉는 게 꺼려졌습니다. 누군가가 임산부도 아닌데 왜 그 자리에 앉았냐고 시비를 걸지도 모른다는 불안감 때문이었습니다.

하지만 그 지하철 안에서 아무도 제가 임신한 사실을 몰라봐도 저는 새 생명을 품고 있는 임산부였습니다. 부모가 아이를 믿는다는 것은 이런 것 같습니다. 이 세상 누구도 알아주지 않아도 부모만은 아이의 성장 가능성을 한 치의 의심 없이 믿는 마음입니다.

아이가 앞으로 어떤 일을 더 많이 할 수 있을지 상상하지 못해도 괜찮습니다. 그것이 부모가 모르는 영역일지라도, 해낼 것

이라 믿고 "할 수 있어!", "힘내!", "조금만 더!"라고 온 마음으로
응원해 주세요. 아이는 부모의 기대보다 몇 배 더 멋지게 성장할
것입니다.

아이에게 좋은 옷이 아닌
태도를 입혀라

부모의 표정, 특히 미소가 자녀의 발달과 정서적 행복에 미치는 영향을 조사한 여러 연구와 실험들이 있습니다. 이 분야에서 가장 잘 알려진 실험 중 하나는 발달심리학자 에드워드 트로닉Edward Tronick이 실시한 '무표정 실험Still Face Experiment'입니다.

이 실험에서 엄마와 4개월 된 아기가 서로 마주보고 있다가 눈을 마주쳤을 때 엄마가 웃으면 아기도 밝게 웃습니다. 반대로 엄마가 갑자기 무표정해지고 반응이 없어지면 아이는 엄마를 바라보며 일부러 웃거나 건드려 봅니다. 하지만 엄마가 계속 무표정을 하고 있으면 결국 아이도 웃지 않거나 울음을 터뜨리는 것으로 나타났습니다. 이 실험은 부모와 자녀의 상호작용에서 긍정적인 감정 교환과 반응의 중요성을 보여줍니다.

또 다른 실험이 있습니다. 8개월 된 아기가 장애물을 만났을 때 부모의 표정에 따른 반응을 조사한 실험입니다. 엄마와 아기는 약 2m 정도 떨어져 마주보고 있고 그 사이에는 투명한 아크릴 판으로 만든 장애물이 있습니다. 아래가 훤히 보이는 투명 판 위를 혼자 지나가는 것은 아기에게 두려운 일입니다.

같은 아기와 엄마가 두 번의 실험을 합니다. 처음은 엄마가 무표정으로 앉아 있고, 다음에는 웃는 얼굴로 아이의 이름을 부릅니다. 엄마가 무표정이면 아기는 엄마를 향해 기어가다가 장애물 앞에서 바로 주저앉아 버리거나 되돌아갑니다. 그러나 엄마가 웃는 얼굴로 부르면 아이는 망설임 없이 장애물을 통과했습니다.

이는 심리학 용어로 '거울 효과'라고 하는데, 부모의 심리 반응이 아이에게 영향을 주는 것을 의미합니다. 아기는 장애물을 만나거나 도전에 직면했을 때 좌절, 혼란, 고통 등 다양한 감정을 느끼게 됩니다. 이때 부모의 표정과 정서적 반응은 아기가 상황을 해석하고 반응하는 방식에 영향을 줍니다. 그래서 부모의 '공감, 안심, 격려의 표현'은 아기가 자신의 감정을 조절하는 데 도움이 되고, 심리적 지지가 됩니다.

　장애물을 바라보는 부모의 표정과 반응은 자녀의 문제 해결 및 대응 방법의 모델이 됩니다. 부모가 긍정적인 태도로 문제에 접근하면 아이도 비슷한 방식으로 문제에 접근하는 법을 배웁니다. 어려움에 직면했을 때 부모가 침착하고 긍정적인 태도를 유지하면, 아이는 그 모습을 관찰하면서 회복력을 키울 수 있습니다. 이런 방식으로 회복력을 키운 아이는 삶에서 장애물은 언제든 만날 수 있지만 극복 가능하다는 것을 배우게 됩니다.

　부모의 태도는 아이에게 영향을 줄뿐만 아니라, 아이를 대하는 타인에게도 영향을 줍니다. 《성경》과 인간관계서에서도 자주 등장하는 유명한 문장이 있습니다.

　'남에게 대접받고자 하는 대로 남을 대접하라.'

　이 문장은 나에게만 적용되는 게 아니라, 부모가 자녀를 대하는 태도에도 적용됩니다.

　어느 주말 오후, 자석을 먹은 아이가 응급수술을 기다리고 있었습니다. 아이를 만나기 전 내용을 전달받은 의료진은 아이가 개구쟁이거나, 발달지연일 것으로 예상하였습니다. 10살 정도 되면 자석을 먹는 일은 거의 없기 때문에 평범하지 않을 거라고 짐작한 것입니다. 수술실 간호사가 아이에게 물었습니다.

"자석을 어쩌다 먹게 되었니?"

"N극과 S극을 공부하는데, 자석의 자력이 어디까지 통하는지 궁금해졌어요. 그래서 자석을 먹고 배 밖에서 다른 자석으로 움직여지는지 실험해본 거예요."

"그래서 자석을 먹었니?"

"네, 자석을 하나 먹었는데 배 밖에서 움직임이 느껴지지 않아서 하나 더 먹었어요. 자석을 하나 더 먹으면 자석끼리 만나 자력이 더 커질 거고, 자력이 커지면 배 안에서 움직임이 느껴질 것 같았거든요."

아이의 예상대로 자석과 자석은 위 안에서 만났습니다. 하지만 안타깝게도 자석과 자석 사이에 위 점막이 끼어버렸고, 자석에 집힌 위의 일부가 괴사할 위험이 있어 자석을 제거하는 응급 수술을 받게 된 것입니다.

아이의 엄마는 사건의 전말을 듣고 있다가 웃으며 "어휴, 우리 아이가 궁금한 것은 꼭 해봐야 직성이 풀려요"라고 하며 아이를 따스하게 바라봤습니다. 엄마의 태도를 보고 난 후 그 장소의 누구도 아이를 통제 불능 말썽쟁이로 여기지 않았습니다. 그 모습에서 아이의 행동에 그럴 만한 이유가 있고, 아이에 대한 믿음이 느껴졌기 때문입니다.

반대로 아이의 엄마가 "얘 때문에 제가 못살아요. 어쩌나 사고를 치는지……"라고 말했다면 어땠을까요? 아이를 처음 만났지만 사람들은 아이를 '못 말리는 사고뭉치'라고 생각했을 것입니다.

내가 아이를 존중하고 귀하게 대하면 남도 내 아이를 존중하고 귀하게 대해줍니다. 아이는 특히 타인의 기대에 부응하고 싶어 합니다. 선생님이 자신의 의견을 존중해주면 아이는 더 신뢰할 수 있는 학생이 되려고 노력합니다. 그러면 선생님은 아이를 더 믿게 되고 아이는 더 나은 사람이 되고자 노력하는 '관계의 선순환'이 일어납니다.

또 다른 사례가 있습니다. 1조 자산가 김승호 회장이 재미있는 실험을 한 적이 있습니다. 똑같은 옷가게를 가는데 첫날은 정장을 말끔히 차려입고, 다음 날은 허름한 티셔츠에 청바지를 입고 갔다고 합니다.

다른 옷차림을 한 그를 점원이 대하는 태도는 달랐습니다. 그런데 대부분의 예상과는 달리 말끔히 정장을 차려입은 날보다 편한 옷차림일 때 훨씬 더 친절한 응대를 받았습니다. 의외의 결과를 만들어낸 이유는 이 실험에서 옷차림 말고 하나의 변수가 더 있었기 때문입니다.

바로 김승호 회장의 '자세'였습니다. 깔끔한 양복을 입고 옷가게에 갈 때는 구부정한 자세로 옷을 둘러봤고, 다음 날 편한 옷차림으로 옷가게를 둘러볼 때는 어깨를 쫙 펴고 당당하게 걸어 다녔습니다.

여기서 주목해야 할 점은 다른 사람들이 누군가를 평가할 때 보는 것은 외모나 옷차림이 아니라 자세, 즉 '태도'라는 것입니다. 아이를 유치원이나 학교에 보낼 때 선생님에게 좋은 인상을 주기 위해 좋은 옷을 입혀 보낸다는 부모님들이 적지 않습니다.

하지만 옷차림보다 중요한 것은 타인에게 존중받을 줄 아는 아이의 태도입니다. 그러려면 부모가 먼저 아이를 존중하고 신뢰해야 합니다. 부모와 상호작용하는 방식에서 자녀가 다른 사람을 이해하고 소통하는 법을 배우기 때문입니다.

부모에게 무시를 당하는 아이는 다른 사람이 자신을 무시해도 당연하게 받아들입니다. 가정에서 폭력이나 학대의 피해자가 된 아이는 낮은 자존감, 불안 또는 우울증과 같은 정서적 어려움을 경험합니다. 반대로, 부모의 모습을 모방해 폭력적이거나 강압적인 성향을 보이기도 합니다. 이러한 정서적 갈등은 학교와 학원에서 또래 관계에 악영향을 줍니다.

부모가 아이를 '존중, 친절, 공감'의 태도로 대하면, 아이는 다른 사람들로부터 그렇게 대우받기를 기대합니다. 긍정적인 자아상과 자존감이 발달해 건강한 경계를 설정하고, 자신이 존중받아야 한다고 생각합니다.

아이가 '스스로 존중받고 친절한 대우를 받아야 한다'고 생각하는 것은 '내가 최고다'라고 생각하는 나르시시즘^{Narcissism}과는 다릅니다. 이는 다른 사람보다 내가 더 훌륭하고 뛰어나므로 나 외의 다른 사람은 부당한 대우를 받아도 괜찮다고 생각하는 것입니다.

하지만 자신을 귀하게 여기고 가치 있는 사람이라고 생각하는 태도는 다른 사람이나 상황과 상관없습니다. 다른 사람보다 잘나서가 아니라 지금 있는 모습 그대로 충분히 사랑받을 수 있는 사람이라고 생각하는 것입니다.

자석을 먹어 수술을 받은 것처럼 예상치 못한 상황에서도, 기대보다 시험 성적이 좋지 않아 실망할 수 있는 상황에서도 부모에게 변함없는 신뢰와 지지를 받은 아이는 주변 상황과 상관없이 자신의 가치를 믿게 됩니다.

이렇게 성장한 아이는 어른이 되어서도 타인의 눈을 지나치게 의식하지 않고, 자신의 가치를 남에게 증명하기 위해 애쓰지 않으며, 자신을 남과 비교하면서 쉽게 무너지지 않습니다. 지금 이 모습이 나다운 것이고, 지금의 내가 꽤 괜찮다고 생각하기 때문입니다.

자기주도학습은
어떻게 시작해야 할까?

"저학년부터 차근차근 준비하면 5학년부터는 자기주도학습을 할 수 있습니다."

첫째 아이 초등학교 예비소집일 학교설명회에서 들은 이야기입니다. 지금 당장 자기주도학습을 하는 것은 어려워도 저학년 때 공부 습관을 잡아주면 4~5년 후에는 아이 스스로 공부하게 될 거라는 희망에 엄마들은 환호했습니다.

"저 집 아이는 알아서 공부한대요."

엄마 입장에서 이것처럼 부러운 말이 있을까요? 자기주도학습은 모든 엄마의 꿈이자 로망이라고 해도 과언이 아니지만 성공한 사람은 많지 않습니다. 성공 비법을 배우고 싶어도 자기주도학습을 하는 아이의 엄마들은 "글쎄요, 아이가 스스로 알아서 하는 거라 저는 딱히 해준 것이 없어요"라고 합니다.

특별한 비법을 혼자만 알고 싶고, 내 아이만 잘 되길 바라는 마음에 알려주지 않는 것이 아니라 정말 특별한 방법이 없다고 생각해서 알려주지 못하는 것입니다. 그런데 이 말에 자기주도학습에 대한 답이 있습니다. 나는 '딱히 해준 것이 없다'라는 말은 아이 스스로 할 수 있는 기회가 많았다는 의미입니다.

자기주도학습은 학습자가 스스로 목표와 계획을 세우고, 실천하고 평가하는 등 학습의 전체 과정을 주도적으로 선택하고 결정하는 것입니다. 간단히 말하면, 모든 과정을 아이 스스로 선택하고 결정하고 실천하는 것입니다.

학습의 전체 과정을 아이가 주도하려면 다음 3가지가 전제조건이 되어야 합니다.

1. 선택하고 결정하는 것에 익숙해야 합니다.
2. 선택을 잘할 수 있다는 자신감이 있어야 합니다.
3. 만약 결정이 잘못되어 원하지 않는 결과가 나오더라도 괜찮다는 믿음이 있어야 합니다.

이처럼 '자기주도학습'이라는 한 단어에 포함된 의미는 결코 가볍지 않습니다. 자기주도학습을 하는 아이들의 가정을 들여 다보면 부모가 지시하지 않고 아이 스스로 생각하고 선택해 결정합니다. 인문교육전문가 김종원 작가는 부모가 평소에 어떻게 말을 하느냐가 아이의 자기주도성을 결정한다고 하였습니다.

등교 준비를 하는 아이에게 "오늘 체육수업 있어. 체육복 입어"라고 말하면 아이는 스스로 생각하지 못합니다. 하지만 "오늘 목요일이네"라고 말하면 아이는 목요일 수업을 떠올려 봅니다. 엄마의 말을 의미 있는 정보로 받아들이고, 스스로 '체육복을 입어야지'라고 생각하게 됩니다. 이것이 아이 스스로 생각하고 결정을 내리게 하는 방법입니다.

다음과 같은 말은 일상에서 아이 스스로 생각하게 힘을 길러 줄 수 있습니다.

"시간이 늦었어. 양치하고 잘 준비해."
→ "벌써 10시가 되었네."

"길이 미끄러워. 미끄럽지 않은 신발을 신어.
장갑도 필요할 거야."
→ "밤새 눈이 많이 왔어."

"오늘은 체육복을 입어야 돼."

→ "오늘은 네가 좋아하는 체육수업을 하는 날이구나."

이처럼 무심히 하는 부모의 말은 아이 스스로 생각하는 능력을 키워주기도 하고, 생각하지 않고 지시받은 대로만 움직이게 만들기도 합니다. 아이에게 스스로 생각하는 능력을 길러주고 싶다면, 간단한 선택권을 주는 것부터 시작하면 됩니다.

"오늘 저녁에는 어떤 메뉴를 먹을까?"(가족의 식사 메뉴를 결정하는 멋진 일입니다.)

"엄마랑 어떤 놀이를 할까?"(놀이의 주도권을 아이가 가집니다.)

"오늘은 어떤 책을 읽을까?"(독서의 주도권을 아이가 가집니다.)

아이에게 일상의 작은 일들을 결정해보게 한 뒤에는, 좀 더 중요한 일에 대한 의견을 내거나 선택할 수 있는 기회를 줍니다.

"주말 나들이는 어디로 갈까?"(가족의 주말을 결정하는 일을 아이는 매우 좋아합니다.)

"여름휴가는 며칠 동안 어디로 갈까?"(보다 구체적이고 현실적인 계획이 필요해서 아이가 성취감을 크게 느낍니다.)

"생일파티 장소와 초대 명단을 정해보자."(금전적인 부분은 엄마와 상의해서 결정합니다.)

"용돈을 어떻게 사용할 계획이니?"(용돈을 사용할 범위와 계획을 세우고, 실제 사용한 내역과 비교합니다.)

아이가 처음 내리는 결정들이 완벽할 수는 없습니다. 부모 입장에서 어려움이 예상되는 부분이 있더라도 부족한 부분을 고쳐주지 말고 직접 경험해보게 하는 것이 좋습니다. 경험하면서 계획의 어떤 부분이 잘못되었는지 알게 되면, 다음에는 더 나은 계획을 세울 수 있기 때문입니다.

이렇게 자신의 생각과 계획으로 결과를 만들어낸 경험이 쌓이면, 아이가 공부도 계획하고 실천하며 부족한 부분은 수정할 수 있습니다.

자기주도학습 준비하기

아이의 자기주도성이 길러졌다고 해서 한 번에 자기주도학습에 성공할 수 있는 것이 아닙니다. 자기주도학습을 할 때 필요한 단계와 시행착오를 줄일 수 있는 방법을 알려주어 아이가 중도에 포기하지 않도록 도와야 합니다.

1. 교실 밖 교육하기

아이의 자기주도학습은 자신의 현재 상태를 파악하는 것에서 시작합니다. 아이는 매일 보는 교실 안 세상이 전부라고 생각하기 쉽습니다. 그래서 초등학생 시절에는 아이가 우물 안 개구리가 되지 않도록 각자의 꿈을 가지고 달려가는 친구들을 만날 기회를 많이 만들어주는 것을 추천합니다.

우리나라에는 각 지방마다 다양한 영재교육원이 있습니다. 일반적으로 초등 4~6학년에 각 지역의 영재교육원과 영재학급, 대학부설 영재교육원 등에서 교육이 이루어집니다. 서울 외의 지역에서는 3학년부터 영재원에 지원할 수 있는데, 미달이 많아 합격률이 높습니다.

첫째 아이의 학습 성취도가 크게 향상된 것은 영재원 덕분이었습니다. 영재원의 선생님들은 다양한 교육 커리큘럼을 제공하면서 학생들에게 '영재'라는 자부심도 심어줍니다. 이 자부심은 공부 태도를 긍정적으로 변화시킵니다.

또 다른 방법은 관심 있는 분야의 온라인 수업에 참여하게 해 친구들의 모습을 볼 수 있게 하는 것입니다.

'열심히 하는 친구들이 진짜 많네. 나도 더 노력해야겠다.'

줌 화면으로 친구들이 집중하고 발표하는 모습을 보는 것은 동기부여가 됩니다.

2. 계획하기

공부를 해야겠다는 마음이 생겼다면 다음 단계에 맞춰 계획을 세우도록 지도해 주세요.

① 목표 세우기

공부 계획을 세울 때는 '무엇을' 할지부터 정합니다. '시작이 반'이라는 말처럼 아이가 공부해야 할 것을 스스로 정했다는 것만으로도 대단한 일입니다.

② 방법 정하기

교재, 시간(시작 시간~끝나는 시간), 분량(일일 분량)을 정합니다. 이때 시간과 분량은 최대한 자세히 정하는 것이 좋습니다. '7시~9시: 영어, 수학'보다 '7~8시: 영어 단어 10개 암기하기, 8~9시: 수학익힘책 10~14P'라고 정해야 실천하기 쉽습니다.

③ 평가하기

계획한 시간과 분량만큼 공부를 마친 후에는 공부한 내용을 평가합니다. 또한 한 달에 한 번은 종합적으로 평가하여 계획을 보완하고 수정할 부분은 없는지 확인합니다.

아이 스스로 생각하는 힘을 기르는 대화를 해왔다면, 아이는 스스로 할 수 있는 일의 영역을 확장하게 됩니다. 그리고 자기주도학습까지 성공적으로 해낼 것입니다.

자기주도학습의 비밀을 알려드렸지만, 일반적으로 중학생이 되어야 자기주도학습이 완전하게 자리 잡을 수 있습니다. 그때까지 아이의 성장을 지켜보며 여유를 가지고 스스로 결정할 수 있는 기회를 많이 만들어 주세요.

좋은 습관을 가장 빠르게
자리 잡게 해주는 법

속담 '세 살 버릇 여든까지 간다'는 어릴 때 버릇은 늙어서도 고치기 어렵다는 뜻입니다. 버릇은 오랫동안 반복해 몸에 익혀진 행동, 자신도 모르게 되풀이하는 행동을 말합니다. 속담으로 전해져 내려올 만큼 선조들은 습관(버릇)의 중요성을 강조하였습니다.

심리학에서는 나쁜 습관을 경계하고 좋은 습관을 갖기 위해 노력해야 하는 이유를 3가지로 설명합니다.

1. 습관형성이론

인간행동전문가 웬디 우드Wendy Wood는 《해빗》에서 습관이 어떤 상황에서 특정한 행동을 반복적으로 한다고 생기는 것이 아니라, 그 행동이 반복될 때마다 어떤 보상이 따라오는 강화 학습(보상)에 의해 형성된다고 설명합니다. 특정 상황에서 반복된 행동에 대한 보상이 따르면, 그 행동이 습관으로 자리 잡게 됩니다. 이러한 습관은 나중에 보상이 없어져도 계속 유지될 수 있습니다.

예를 들어 기분이 좋지 않을 때 사탕을 먹었더니 기분이 나아진 경험이 있다면, 기분이 나빠졌을 때 사탕을 떠올리게 됩니다. '상황 – 행동 – 보상'의 패턴이 반복되면서 습관이 형성되는 것입니다. 따라서 긍정적인 습관이 만들어지면 더 자주 기분이 좋아지고 행복해질 수 있습니다.

2. 긍정심리학이론

전 미국심리학회 회장 마틴 셀리그먼Martin Seligman이 1990년대 후반에 처음 소개한 긍정심리학이론에 따르면 정신건강과 웰빙은 단순히 부정적인 감정이나 질병의 증상이 없는 것이 아니라 '긍정적인 경험과 개인적 특성'의 결과라고 합니다.

긍정적인 경험과 개인의 특성에는 '기쁨과 감사와 같은 긍정적인 감정, 회복력과 연민과 같은 개인적 강점과 미덕, 다른 사람과의 의미 있는 연결' 등이 포함됩니다. 그래서 '감사, 마음챙김, 친절'과 같은 긍정적인 습관을 실천하면 삶이 더 풍요롭고 만족스러워질 수 있습니다.

3. 자기결정이론

로체스터대학 심리학자 에드워드 데시Edward L. Deci와 리처드 라이언Richard M. Ryan의 자기결정이론에 따르면, 사람들은 개인의 가치와 목표에 부합하는 활동을 할 때 성취감과 만족감을 더 많이 얻게 된다고 합니다. 또한 목표를 추구하는 과정에서 자율성과 유능감을 느낄 때 동기부여가 많이 되고 행복감도 높아집니다.

그래서 개인의 가치와 목표에 부합하는 습관을 형성할 때 그것을 유지할 가능성이 더 높아집니다. 예를 들면, 건강이라는 목표와 가치를 가진 사람이 매일 운동하는 습관을 가지게 될 가능성이 더 높다는 것입니다.

많은 부모들이 자녀가 좋은 습관을 가지길 원하고, 이를 위해 노력합니다. 하지만 '방 정리하기', '숙제하기', '밥 먹고 양치하기' 등 아이가 재미없어 하는 행동이 습관으로 형성되기는 어렵습니다.

어른의 상황을 예로 들면 커피가 차보다 몸에 좋지 않다는 것은 알지만 커피를 마시고, 인스턴트 음식이 자연식보다 소화가 잘 되지 않지만 인스턴트 음식을 자주 먹는 것처럼 아이도 마찬가지입니다. 해야 하고 좋다는 것은 알지만 지키지 못합니다. 이때 좋은 습관의 중요성에 대해 말로 계속 강조하는 것만으로는 아이를 스스로 움직이게 할 수 없습니다.

미취학 아동인 경우 '습관형성이론'에 따라 아이가 밥을 먹고 나서(상황) 양치를 하면(행동) 칭찬스티커를 주는(보상) 방식으로 습관을 자리 잡게 해야 합니다. 아이가 조금 더 크면 '자기결정 이론'에 따라 물질적인 보상보다는 성취감과 만족감(보상)을 느끼게 하는 방법이 동기부여가 되어 좋은 습관을 형성하는 데 도움이 됩니다.

좋은 습관을 기를 때 도움이 되는 방법들

1. 출력신호 더하기

습관 형성에 있어서 반복은 필수입니다. 특히 동일한 상황과 장소에서 행동을 반복하는 것이 많은 도움이 됩니다. 독서 습관을 기르고 싶다면, 매일 저녁 식사 후 거실 소파에서 책을 읽는 것입니다.

뇌는 익숙하지 않는 행동을 하는 데 많은 에너지가 필요하기 때문에 새로운 습관 만들기를 꺼립니다. 반대로 뇌는 에너지 소모가 적은 이미 익숙한 행동을 선호합니다. 그래서 기존의 습관에 새로운 습관을 더하면, 뇌가 적극적으로 받아들이게 됩니다.

예를 들어 매일 아침 일어나자마자 물 한 잔을 마시는 습관이 있다면, 이어서 아침 운동이나 명상과 같은 새로운 습관을 추가할 수 있습니다. 매일 저녁에 책을 읽는 습관이 있다면, 그 후에 일기 쓰는 습관을 추가할 수 있습니다. 이미 만들어진 습관에 새로운 습관을 더하면 성공 확률이 높아집니다.

2. 빨리 보상하기

운동을 하고 났을 때의 개운함, 공부한 후의 성취감, 칭찬받았을 때의 뿌듯함 등의 좋은 감정은 다음에 같은 행동을 하고 싶게 만듭니다. 습관을 형성할 때 보상을 주는 이유는 기분 좋은 감정을 느끼게 해서 같은 행동을 다시 하고 싶도록 만들기 위함입니다.

그런데 보상에 대한 기대감으로 분출되는 도파민은 1분 이내에 사라지는 호르몬입니다. 따라서 아이가 어떤 일을 해냈다면 도파민이 사라지기 전에 빨리 보상을 해주어야 합니다. 도파민은 지금 바로 예상되는 즐거움에 반응하는 호르몬이기 때문에

2주 후나 한 달 후의 보상은 효과가 없습니다.

즉석에서 주는 작은 보상이 쌓이면 다음에 더 큰 보상을 기대하게 하는 것도 좋습니다. 스티커를 30개 모으면 선물을 고를 수 있게 하거나, 100원씩 30일을 모으면 추가로 용돈을 2000원 더 주는 식으로 활용하면 됩니다.

3. 불편하게 만들기

불편하게 만들기는 좋은 습관을 만드는 데 방해가 되는 행동을 귀찮은 상황으로 만들어, 그 행동을 하지 않도록 하는 방법입니다. 출출해 무언가 먹고 싶을 때 집 앞에 편의점이 있어도 귀찮아서 나가지 않고 참는 것처럼 작은 번거로움을 더해주면 좋은 습관을 방해하는 행동을 고치는 데 도움이 됩니다.

TV 시청이 독서 습관 만들기에 방해가 된다면 TV 코드를 빼놓고, 리모콘을 TV와 먼 곳에 둡니다. 식사 중 돌아다니는 것이 문제가 된다면 의자 2개를 바짝 붙이고 안쪽에 앉혀 나가려면 옆 사람이 일어나 의자를 움직여야 되도록 합니다.

이런 작은 불편함을 더하면 무의식적으로 하지 말아야 하는 행동을 줄일 수 있습니다. 또한 평소 하지 않던 새로운 행동은 (TV 코드 연결하기) 원래 해야 할 올바른 행동(독서)을 상기시키는 역할도 합니다.

4. 작은 습관부터 시작하기

작은 습관부터 시작하면 성공할 가능성을 높이고 '습관을 완성해야 한다'는 것에 압도되거나 포기하지 않을 수 있습니다.

예를 들어 '혼자서 등교 준비하기'를 목표로 할 때 처음에는 '양말 혼자 신기' 그 다음은 '옷 스스로 고르기' 등 미션을 하나씩 추가하는 방식으로 시작할 수 있습니다. 또는 '매일 1시간씩 운동하기'가 목표라면 하루 10분 스트레칭을 시작으로 점차 운동 시간을 늘릴 수 있습니다. 이처럼 아이가 부담 없이 할 수 있는 작은 일을 스스로 해냈을 때 성취감을 느끼게 해주는 것이 습관 형성에 도움이 됩니다.

부모가 지시하거나 억지로 시키는 것보다 아이 스스로 긍정적인 습관을 실천하게 될 때 성취감과 만족감을 더 많이 느끼게 됩니다. 아이가 어릴수록 '꼭 해야만 해!'라고 하기보다는 '이렇게 하면 기분이 좋아진다'라는 것을 경험하게 해주는 것이 더 중요합니다. 이렇게 습관을 만드는 과정을 즐길 수 있다면, 좋은 습관은 더 빨리 자리 잡을 것입니다.

아이의 하루가 궁금할 때
하면 좋은 질문

인지심리학자 비고츠키^{Lev Semenovich Vygotsky}의 사회문화적 인지발달이론에서는 부모와의 상호작용이 아이의 성장에 많은 영향을 주는데, 특히 대화가 아이의 언어와 사회성 발달을 촉진한다는 것을 강조합니다.

부모와 대화를 나누면서 아이는 새로운 언어와 문법을 배우고, 대인관계에서 필요한 기술을 배울 수 있습니다. 또한 아이는 자신의 생각을 표현하고, 다른 사람의 의견을 이해하면서 문제해결 능력을 기를 수 있습니다.

대화는 2명 이상이 소통하면서 서로의 생각, 감정, 경험 등을 공유하는 과정입니다. 이는 단순히 말을 주고받는 것뿐만 아니라, 서로 이해하고 공감하는 것을 포함합니다. 그래서 부모의 대화 방식이 아이를 불안하거나 불편하게 만들면 아이는 생각이나 감정을 나누는 것을 어려워하게 됩니다. 따라서 아이의 호기심을 자극하고 편안한 분위기에서 대화를 시작하는 것이 중요합니다.

요즘 엄마들은 '아이를 잘 키우는 법'에 관한 공부를 많이 합니다. 책도 읽고 수업도 들으면서 실전에서 활용할 수 있는 방법을 배우려고 노력하는 분들이 많은데, 특히 대화법에 대한 관심이 높습니다.

하지만 현실은 이론과 다릅니다. 아이의 성향에 따라 묻지 않아도 오늘 유치원에서 있었던 일에 대해 말하는 경우도 있지만, 남자아이의 경우 "오늘 어땠어?"라고 물으면 대충 대답을 하거나 "몰라" 하고 대화가 끝나버리는 경우가 많습니다. 대화법을 공부하는 엄마들은 자주 "물어봐도 아이가 말해주지 않아요", "대화가 이어지지 않아요"라고 말합니다.

"오늘 어땠어?"라는 질문은 너무 광범위한 질문입니다. 엄마의 질문을 받은 아이는 자신의 '오늘'을 생각합니다. 아침에 유치원 버스를 타면서부터 집에 도착하기까지 아이에게는 너무 많은 일들이 있었습니다.

유치원 버스에서는 자신을 오빠라고 부르지 않고 이름을 부르는 동생 때문에 기분이 나빴고, 유치원에 도착해서는 친구가 준 사탕 하나에 기분이 좋았습니다. 하지만 선생님이 다음에는 간식을 가지고 오지 말라고 해서 조금 민망했습니다. 수업 시간에는 1등으로 덧셈 문제를 풀어서 제출하고 선생님께 칭찬을 받아서 기분이 좋았습니다. 점심시간에는 싫어하는 콩밥이 나왔지만 친구들이 보고 있어서 밥을 다 먹었습니다. 엄마에게 말하면 칭찬받을 것이라고 생각했습니다.

점심시간까지의 일과를 생각하다가 아이는 엄마에게 '오늘'에 대해 말하기를 포기합니다. 이렇게 많은 일들을 어떻게 말해야 할지 모르는 아이들은 "몰라", "매일 똑같지"라는 답을 선택합니다.

친한 사이도 아닌데 이상하게 시간이 어떻게 가는지 모르고 이야기를 나누게 되는 사람이 있습니다. 이렇게 대화를 부드럽게 잘 이끌어가는 사람들은 질문을 잘합니다. 할 말이 많은 주제, 입이 간질거려 말하고 싶었던 주제에 대해 묻습니다. 아이와의 대화도 마찬가지입니다. 질문이 중요합니다. 대화를 하면서 서로의 생각, 감정, 경험을 공유할 수 있는 질문은 따로 있습니다.

아이의 생각, 감정, 경험을 들을 수 있는 질문

1. 구체적으로 질문하기

"오늘 하루 어떤 특별한 일이 있었어?"

"무슨 수업이 가장 재미있었어?"

"어떤 놀이가 제일 좋았어?"

구체적인 질문은 아이가 그 상황을 다시 생각하고 말할 수 있게 합니다. 엄마가 구체적으로 질문했음에도 "몰라"라고 답하는 이유는 아이가 자신의 하루를 떠올리는 것이 익숙하지 않기 때문입니다. 질문에 대답하는 것이 아이가 아직 서툴다면 객관식처럼 보기를 주는 방식으로 시작하면 됩니다.

점심 식단표를 보고 "오늘 장조림, 김치, 소고기 국, 멸치 중에 뭐가 제일 맛있었어?"라고 아이가 답을 고를 수 있도록 질문을 합니다. 그러면 아이는 엄마의 질문에 답할 수 있게 되고, 다음 날 점심시간에는 엄마의 질문에 답하기 위해 지금 먹는 반찬 중 제일 맛있는 것을 기억하려고 합니다. 이후에는 "오늘 점심 반찬 중에서 어떤 게 가장 맛있었어?"라는 질문에 아이가 답할 수 있게 됩니다.

2. 하루를 돌아보며 깨닫게 하는 질문하기

"오늘 제일 좋았던 일은 뭐야?"

"오늘 특별히 운이 좋았던 순간이 있어?"

이 질문들은 아이가 평범한 일상 속에서 기분이 좋았던 일, 운이 좋았던 순간을 찾게 만듭니다. 지우개가 없어서 곤란했는데 친구가 지우개를 빌려준 일, 친구들과 손 잡고 산책을 나간 일, 평소 좋아하는 친구와 짝이 된 일, 밥을 먹고 친구들과 놀이터에서 놀기로 했는데 가장 좋아하는 반찬이 나와서 빨리 밥을 먹을 수 있었던 일 등 평범한 일상이 행복한 기억으로 채워지게 합니다.

"오늘 너에게 친절한 친구는 누구야?"

"오늘 너는 누구에게 친절했어?"

아이는 엄마의 질문을 통해 '친절'이 있었던 순간을 생각합니다. 이 과정을 통해 아이는 다시 기분이 좋아지고, 자신도 다른 사람에게 친절하게 대해야겠다는 생각을 하게 됩니다.

3. 어려움과 불편함을 확인하는 질문하기

"오늘 제일 힘들었던 일은 어떤 일이야?"

"오늘 지키기 힘든 규칙은 어떤 거였어?"

하루 중 좋았던 일을 들었다면, 힘들었던 이야기도 들어주세요. 하지만 아이가 말하기 싫어한다면 캐물어서는 안 됩니다. 말하기 싫어하는 아이의 마음도 인정하고 존중해야 합니다. 이때는 "지금은 말하고 싶지 않은가 보네. 나중에 말하고 싶을 때 말해줘"라고 다음을 기약하세요.

하지만 아이의 어려움은 꼭 확인해야 합니다. "수학 시간이 제일 힘들었어요"라고 말한다면 앞으로 어떻게 하면 좋을지 아이와 상의합니다. 이때 문제를 해결한다는 이유로 아이가 싫어하는 일을 강요해서는 안 됩니다. 또한 해결 방법도 아이가 스스로 찾고 선택할 수 있도록 도와주는 역할을 맡아야 합니다.

4. 아이의 생각을 키우는 질문하기

"어제는 몰랐는데, 오늘 새로 알게 된 것이 있어?"

새로 알게 된 것이 학습적인 부분일 수도 있고, 친구 관계에 대한 것일 수도 있고, 몰랐던 감정일 수도 있습니다. 아이가 새롭게 알게 된 것에 대해 이야기를 나누며 요즘 관심사가 무엇인지 묻고, 이전에 몰랐던 것을 알게 된 기분을 공유하면서 아이의 호기심을 자극하고 생각을 키울 수 있습니다.

"만약 바꿀 수 있다면 오늘 있었던 일 중에 바꾸고 싶은 게 있어?"

이 질문을 통해서 아이는 오늘 있었던 일 중에서 마음에 들지 않았던 일이나, 바꾸고 싶은 일에 '만약'이라는 가정을 해서 생각하게 됩니다. 오늘 학교에서 피구 시합에 져서 속상해 눈물이 났는데 그 모습을 친구들에게 들켜서 창피했던 일을 바꾸고 싶어 한다면, 이런 상황을 어떻게 바꿀 수 있을까 생각해보게 하고, 다음에 이런 일이 생겼을 때는 적절하게 대처할 수 있도록 합니다.

아이의 생각을 열어주는 것은 거창한 일이 아니라, 아이의 일상에 관심을 가져주는 일입니다. "오늘 엄마에게 이야기하고 싶은 일이 있었어?"라는 질문을 통해 아이의 말을 듣고, 엄마의 일상도 공유하며 서로의 생각과 감정을 나누는 것은 매우 소중한 시간입니다. 이 시간을 통해 서로 더 깊이 이해하고 알아가는 기쁨을 느낄 수 있습니다.

부모 유형에 따른
양육 스타일

초등학교 6학년 딸이 말을 안 듣고 대답도 잘 하지 않는데, 이유를 알 수 없어 답답해하는 엄마가 있습니다. 아이는 시간이 지날수록 삐딱해지고 엄마와의 사이가 멀어지고 있었는데, 불화의 원인은 엄마의 말투였습니다.

엄마는 아이가 무슨 말을 하면 그 말꼬리를 잡고 쏘아붙이듯 이야기했습니다. 목소리 톤도 높은 편이라 아이는 엄마의 말이 더 공격적으로 느껴졌지만, 엄마는 자신의 말투가 그렇다는 것을 몰랐습니다. 이 사례에서는 엄마가 말하는 습관을 고치면서 관계가 급속도로 회복되었습니다. 옆에서 보면 답이 훤히 보이는 문제도 자신의 문제가 되면 답이 보이지 않는 경우가 있습니다.

'知彼知己百戰不殆(지피지기백전불태): 적을 알고 나를 알면 백 번 싸워도 두렵지 않다'는《손자병법》에 나오는 말입니다. 이 말은 전쟁에서 지식과 이해의 중요성을 강조합니다. 자신과 상대방 모두에 대한 깊은 이해를 가져야 전략적으로 이점을 얻고 위험을 최소화할 수 있음을 뜻합니다.

부모가 자신과 아이에 대해 잘 알아야 하는 이유는 아이와 전쟁을 치르기 위함이 아니라, 부모가 자신을 잘 이해하고 자녀의 강점과 약점을 정확하게 파악하여 양육에서 불필요한 갈등을 피하기 위해서입니다. 따라서 부모는 다음 질문에 대한 답을 먼저 찾아야 합니다.

"나는 어떤 스타일의 양육을 하는가?"

발달심리학자 다이애나 바움린드Diana Baumrind는 '애정'과 '통제'라는 2가지 기준을 결합해 양육유형을 4가지로 나누었습니다. 여기서 애정은 부모가 아이를 얼마나 수용하고 반응하고 지지하는지를 나타내고, 통제는 부모가 아이의 행동에 얼마나 확고한 규칙을 적용하는지를 나타냅니다.

1. 권위 있는 양육(통제○ 애정⇧)

단호하지만 따뜻한 부모의 유형입니다.

"네가 그랬을 때는 이유가 있을 거야."

"기분이 안 좋아도 친구를 때리는 건 안 돼."

아이의 행동을 이해하려는 노력과 애정을 많이 표현하면서도 모든 행동을 허용하지 않습니다. 권위 있는 양육자로 자녀의 행동을 비판적 시선이 아닌 따뜻한 시선으로 바라봅니다. 그러나 자녀가 한 행동의 옳고 그름에 대한 확실한 기준이 있습니다.

아이가 잘못을 했을 때 혼을 내기 보다는 왜 그랬는지 '이유'를 먼저 들으려고 노력합니다. 자녀가 그 행동을 하게 한 동기(감정)를 충분히 듣고 수용해 주지만, 그 행동을 모두 옳다고 허용해주는 것은 아닙니다. 행동에 대한 책임은 엄격하게 가르치며, 훈육하는 과정은 이성적입니다. 이들은 '소통'을 가장 중요하게 생각하여 자녀가 자신의 생각과 감정, 욕구를 표현할 수 있도록 격려합니다.

권위 있는 양육자와 자녀는 정서적으로 안정적인 관계를 유지합니다. 이러한 양육 방식으로 자란 아이들은 독립심과 자존감이 높고 자기조절능력과 인내심이 뛰어납니다. 부모의 입장을 잘 이해해서 부모에게 협조적이고, 학교에서 교우관계와 학업 성취도가 우수합니다.

2. 독재적 양육 (통제○ 애정⇩)

통제 강도가 높고, 아이를 엄격하게 대하는 부모의 유형입니다.

"그만 울어!"

"다시는 그 게임하지 마!"

권위주의적 양육이라고도 하는 이 유형의 부모는 엄격한 규칙과 자녀에 대한 높은 기대치를 가지고 있습니다. 징계를 통해 통제하고, 자녀의 요구나 감정에 대해 관심을 보이지 않습니다.

이러한 부모는 자녀의 행동에 간섭이 많고 지나친 통제를 합니다. 자녀가 부모의 말을 잘 들으면 애정과 관심을 보이지만, 그렇지 않을 경우 징계적인 처벌을 가합니다. 이들은 아이를 통제하기 위해 비난하고 명령하며 위협하는 경향이 있습니다.

이러한 환경에서 자란 아이들은 순종적일 수 있지만, 낮은 자존감과 자신감으로 인해 사회적 기술이 부족할 수 있습니다. 또한 자신의 의사를 표현하는 방법이 서툴고 감정을 잘 조절하지 못해 또래와의 관계에서 어려움을 겪을 수 있습니다. 특히 화가 많이 난 상황에서 공격적인 행동을 보일 확률이 높습니다.

3. 허용적 양육 (통제× 애정⇧)

제한이 적고, 따뜻한 부모의 유형입니다.

"블록이 무너져서 속상하구나."

"화가 많이 나서 엄마한테 베개를 던졌구나."

허용적인 양육을 하는 부모는 자녀의 행동에 제약을 거의 두지 않고, 자녀가 원하는 일을 허용합니다. 아이가 어리니까 그럴 수 있다 여기고, 성장하면서 자연스럽게 나쁜 행동들이 고쳐질 거라 믿기 때문에 거의 통제를 하지 않습니다. 아이의 모든 감정을 수용하고, 자녀가 감정적으로 흥분해 있을 때는 대화를 피하려고 합니다.

자녀와 친구처럼 지내는 부모들이 주로 이러한 양육 스타일을 취하며 훈육을 통해 가르치려 하지 않고, 아이 스스로 판단하도록 합니다.

허용적인 환경에서 자란 아이는 기본적인 규칙을 지키는 것조차 힘들어하기 때문에 자기통제에 어려움을 겪을 수 있습니다. 충동적이고 지시에 따르지 않아 학교에서 부적응 또는 폭력 문제 등이 발생할 수 있습니다. 또한 학업 성취도가 낮고, 타인의 감정에 공감하는 것을 어려워하여 사회적인 어려움을 겪을 수 있습니다.

4. 방임적 양육(통제✕ 애정⇩)

제한이 적고, 아이를 냉소적으로 대하는 부모의 유형입니다.

"뭐 이 정도 일 가지고 그러니?"

"네 마음대로 해."

방임적 양육을 하는 부모는 양육 원칙이 없고, 아이가 지켜야 하는 규칙도 없습니다. 또한 정서적으로 자녀를 지도하거나 도움을 주지도 않습니다.

자녀의 모든 행동을 무시하는 이 유형의 부모는 자신의 생활에서 지나친 스트레스를 받아 우울감에 빠져 있는 경우가 많습니다. 시간적, 심리적 여유가 없어 아이에게 관심을 표현하지 않고 자녀의 요구나 발달에 대해 거의 신경을 쓰지 않습니다.

방치된 환경에서 자란 아이는 애착관계를 형성하는 데 어려움을 겪고, 대인관계에서 문제가 생길 가능성이 높습니다. 이들은 주변 사람들의 관심을 받는 것을 부담스러워하며 회피하는 경향이 있습니다. 방임적 양육 형태에서 자란 아이들은 우울, 분노 그리고 반사회적 행동으로 학교 생활에 어려움을 겪을 수 있고, 학업 성취도도 낮을 수 있습니다.

자녀와의 관계에서 어려움이 있었다면 먼저 자신의 양육 형태가 어떠한지 고민해봐야 합니다. 부모의 양육 태도가 문제였다면, 그 문제점을 해결하지 않고서는 자녀와의 관계가 개선되기 어렵습니다.

"이 세상에 공감해주지 못할 감정은 없다"라고 말하는 관계

치유의 대가 존 가트맨^{John Gottman} 박사의 감정코칭이론은 확고하고 합리적인 한계와 감정을 공감하고 수용하는 부모의 태도를 특징으로 하는 '권위 있는 양육' 방법을 바탕으로 합니다.

'권위가 있는 것'과 '권위적인 것'의 차이를 이해해야 합니다. '권위가 있다는 것'은 자녀가 부모의 권위를 인정하고 존중하는 것이고, '권위적인 것'은 부모가 자신의 권위를 강요하는 것을 의미합니다.

권위는 부모가 자녀를 위한 교육을 할 때 자연스럽게 만들어집니다. 자녀가 부모의 가르침을 수긍하고 따를 때 부모의 말은 권위를 갖게 됩니다. 이때 부모가 설정한 규칙과 한계는 자녀가 성장하는 데 필요한 지침이자 안전한 울타리가 됩니다.

넘어지는 법을
연습시켜라

학교에서 걸려오는 전화는 묘한 긴장감을 줍니다. 초여름, 2학년 딸아이의 담임선생님으로부터 전화가 왔습니다. 딸의 친구가 딸을 화장실로 불러내서 상처 주는 말을 했다는 내용이었습니다. 교실에서 나쁜 말을 하면 선생님께 혼날까봐 일부러 딸을 화장실로 불러냈다는 이야기를 듣고 적잖이 놀랐습니다.

수업 시간이 되어도 아이들이 교실로 돌아오지 않자 선생님이 찾으러 갔고 그제야 딸은 두 친구들에게서 벗어나 화장실에서 나올 수 있었습니다.

"내가 시은이한테 너 싫다고 했어."

"왜?"

"네가 너무 진지한 것이 싫어."

친구의 입으로 "너 싫다고 했어"라는 말을 들은 딸은 속상해서 그 자리에서 많이 울었습니다. 선생님이 세 아이를 불러서 이야기를 나눴고 아이들이 잘못을 이해할 수 있도록 설명해 주셨습니다. 선생님의 지도 끝에 친구들은 딸에게 사과를 했지만 딸은 아직 사과를 받아들일 준비가 되지 않았다고 말하며 사과를 받지 않았습니다. 선생님이 물어도 딸이 속마음을 이야기하지 않으니, 집에서 아이와 부모님이 대화를 깊게 나누어보는 것이 좋겠다는 이야기를 끝으로 선생님과의 통화를 마쳤습니다.

퇴근 후, 딸과 조용히 대화를 나눴습니다. 친구에게 그 이야기를 들었을 때의 감정, 선생님이 친구와 함께 불러서 이야기를 나눈 후의 감정, 지금의 감정에 대해 찬찬히 이야기를 나눈 후 아이에게 물었습니다.

"아까 선생님이 물어보셨을 때는 왜 아무 말도 안 했어?"

"엄마, 머릿속에 말이 막 돌아다니는데 그게 입 밖으로 나오지 않을 때 있지요? 아까는 그랬어요. 그리고 말하고 싶지 않으면 안 해도 되는 거잖아요."

또래 아이들보다 조금 작은 체구의 아이는 제 생각보다 많이 성장해 야무지게 자신의 생각을 표현하고 있었습니다. 친구에게 상처받은 아이의 마음을 다독이는 시간이었지만, 한편으로는 그동안 엄마가 없는 곳에서 '아이가 스스로 사회생활을 잘 해냈구나'라는 생각이 들어 기특하기도 했습니다.

아이는 기관에 다니기 시작하면서 독립된 생활을 시작합니다. 부모의 눈에 보이지 않는 곳에서 자신만의 인간관계를 구축하고, 그 안에서 잘 지내기 위해 노력합니다.

아이의 노력과는 별개로, 부모는 아이가 작은 어려움도 겪지 않기를 바랍니다. 그래서 가능하면 모든 어려움을 제거해주고 싶은 유혹에 빠질 수 있습니다. 하지만 아이가 겪을 수 있는 모든 어려움을 없애주는 것은 오히려 아이에게 독이 됩니다.

돌이 되어도 혼자 제대로 앉지 못하는 아이가 걱정되어 병원에 찾아온 부모님의 이야기를 들은 적이 있습니다. 4대 독자로 조부모님을 비롯한 온 집안 식구가 금이야 옥이야 키운 아이였습니다.

문진에서 아이가 앉지 못하는 원인을 찾을 수 있었는데, 원인은 아이의 신체적 문제가 아닌 엉뚱한 곳에 있었습니다. 양육 방식에 문제가 있었던 것입니다. 아이가 엎드렸다 다시 돌아눕지 못해 애쓰는 모습이 안쓰러워, 아이를 엎드리지 못하게 하고 계속 누워 있게만 만든 것이 원인이었습니다.

아이는 엎드렸다 다시 누웠다 연습하면서 허리의 힘을 키우는데, 스스로 엎드리기를 해볼 기회가 없어 혼자 앉지 못하는 상태가 되어버린 것입니다. 소아과 선생님의 호된 말씀을 듣고 아이의 부모는 아이를 바닥에 엎드리게 하였고, 그 후 아이는 단계에 맞는 성장을 할 수 있었습니다.

엎드렸다가 바로 눕지 못해 힘들어하는 아이를 안쓰럽게 여기는 것이 아니라, 아이가 허리의 힘을 키우며 성장하는 과정을 기꺼이 응원하는 것이 부모의 역할입니다. 아이가 학교에서 상처받지 않도록 친구들과의 모든 관계를 차단할 것이 아니라, 친구와 싸우고 화해하면서 성장하는 모습을 조용히 응원하는 것이 부모의 역할인 것입니다.

스포츠 학원에서 아이들이 인라인 스케이트를 배우는 과정은 인상적이었습니다. 아이들은 무릎, 팔꿈치, 손목과 손바닥 보호대를 하고 두툼한 매트에서 넘어지는 연습부터 시작합니다. 매트 위에서 선생님의 신호에 맞춰 넘어지는 연습을 한 후에는 체육관 바닥에서 넘어지는 연습을 합니다. 이후에는 인라인 스케이트를 신고 매트 위에서 다시 넘어지는 연습을 하며, 마지막 단계로 인라인 스케이트를 신고 체육관 바닥에서 망설임 없이 넘어질 수 있을 때 인라인 스케이트를 본격적으로 배우기 시작합니다.

넘어져도 아프지 않다는 것을 매트에서 충분히 경험한 후에는 체육관 바닥에서 넘어지는 통증도 참을 만하게 여겨집니다. 아동용 인라인 스케이트 바퀴는 지름이 대략 7~8cm 정도 되는데, 고작 8cm지만 높아진 시야는 아이에게 낯선 두려움을 줍니다. 그래서 인라인 스케이트를 처음 배울 때 매트 위에서 넘어지는 연습부터 하는 것입니다.

이렇게 인라인 스케이트를 배운 아이는 몸의 균형이 무너지거나 제동이 되지 않을 때 주저 없이 넘어질 수 있습니다. 하지만 한 번도 넘어지지 않고 인라인 스케이트를 배운 아이는 넘어질 것 같은 상황에서 넘어지지 않으려 버티다가 큰 부상을 입게 됩니다.

인라인 스케이트를 신고 넘어져도 다시 일어나면 된다는 것을 경험한 것처럼, 실패를 통해 성장하는 경험을 하면 아이는 실패를 성장의 과정으로 여기게 되고 자기효능감도 높아집니다.

유아기를 지난 아이의 부모가 모든 것을 다 해주는 것은 분명 잘못된 것입니다. 하지만 아이가 바른 길로 갈 수 있도록 안내자 역할은 해야 합니다. 영웅의 일대기에서 시련에 빠진 영웅에게 넌지시 조언을 건네는 지혜로운 사람이 없었다면 영웅은

탄생하지 못했을 것입니다. 내 아이가 어려움을 겪을 때 바른 길로 안내하는 역할은 부모의 몫입니다.

2장

나도 모르게
아이에게 상처 주는 습관

내 아이의 속도에
맞출 수 있는 용기

어릴 때 TV에서 본 〈밥 로스Bob Ross의 그림을 그립시다〉는 아직도 잊을 수 없습니다. 처음에는 그저 평범한 색깔 덩어리였던 물감들이 몇 번의 붓질을 거치고 나면 아름드리 나무로 변하고, 유유히 흐르는 강으로 변했으며, 붉게 물든 저녁 하늘로 변했습니다.

그 프로그램을 보고 많은 사람들이 유화油畫에 도전했다가 포기했다는 이야기를 들은 적이 있습니다. 그가 그림을 쉽게 그리는 것처럼 보였던 이유는 실력이 뛰어났기 때문이었는데, 시청자들은 여러 번 덧칠이 가능하고 물감 특유의 질감을 활용하는 유화 기법이 비결인 줄 알고 도전했던 것입니다.

그가 오랫동안 인기가 있었던 이유는 '멋진 그림은 오랜 시간 동안 섬세한 작업 끝에 완성된다'는 대중의 편견을 깨버렸기 때문입니다. 마치 하얀 캔버스 위의 물감 덩어리들에서 그림을 꺼내 올리듯 어느 곳에서는 나무가, 어느 곳에서는 바위가, 어느 곳에서는 집이 만들어졌습니다.

밥 로스의 그림을 보면 한 석공의 이야기가 떠오릅니다. 석공은 며칠간 커다란 바위를 바라보다가 바위 안에 숨겨진 진짜 모습을 찾는 순간 망설임 없이 정과 망치를 들고 석상을 만들었습니다. 그러면 머지않아 그 안에서 부처도 나오고 보살도 나왔습니다. 그의 재능에 감탄한 사람들이 그에게 물었습니다.

"이렇게 멋진 불상을 어떻게 만드시오?"

"나는 그저 보이는 대로 꺼냈을 뿐이오."

"내 눈에는 그냥 돌일 뿐인데 무엇이 보인단 말이오?"

"돌을 사랑하는 마음으로 보면 부처도 보이고 사람도 보입니다. 이 안에서 자신을 꺼내 달라고 나를 부르는 소리가 들립니다. 나는 그때 그저 필요 없는 부분을 쳐내고, 원래 있어야 할 모습으로 꺼낼 뿐이오."

아이를 키우는 일도 마찬가지입니다. 부모가 해야 하는 일은 아이의 인생을 부모가 원하는 방식으로 스케치하고 다듬어 나가는 것이 아니라, 아이 고유의 잠재력을 밖으로 꺼내주는 것입니다.

그림을 잘 그리는 아이, 운동 신경이 좋은 아이, 유머감각이 뛰어난 아이, 만들기를 잘하는 아이, 게임을 잘하는 아이, 배려심이 많은 아이, 칭찬을 잘하는 아이, 음감이 뛰어난 아이, 공감력이 뛰어난 아이, 인내심이 좋은 아이, 성취 욕구가 큰 아이, 사람을 좋아하는 아이, 상상력이 풍부한 아이, 말을 잘하는 아이 등모두 각자의 장점을 가지고 있습니다. 그런데 이 장점이 무엇이든 많은 아이들이 대학 입시라는 하나의 점을 향해 달려가고 있습니다.

딸아이가 5살이 되었을 무렵, 겨울 야경을 보여주고 싶어 나무에 전구가 가득 달린 곳에 간 적이 있습니다. 대로 양쪽으로 줄지어 선 나무에 달린 전구들이 반짝였습니다. 딸이 신나할 모습을 상상하며 "예쁘지?"라고 물었지만, 딸의 반응은 예상과는 달랐습니다.

"예쁜데, 나무는 뜨거워서 싫겠다. 저렇게 줄이 감겨 있으면 불편할 것 같아요. 나무가 불쌍해요."

아이의 말에 깜짝 놀랐습니다. 나무의 입장을 생각해보지 않은 것처럼, 아이의 입장은 생각하지 않고 제가 보기에 좋은 것만 딸에게 강요한 적이 없는지 돌아보게 되었습니다.

우리는 때로 아이에게 지나친 기대를 할 때가 있습니다. 인성도 좋고, 공부도 잘하며 미술, 음악, 체육까지 빠지지 않고 잘하길 바랍니다. 거의 완벽에 가까운 모습입니다.

아이에게 기대하기에 앞서 '나는 얼마나 완벽한 부모인가'를 생각해볼까요? 규칙적인 운동으로 건강을 관리하고, 공부와 독서를 통해 지적 성장을 하며, 감정에 휘둘리지 않고 화를 잘 다스리나요? 가족을 위해 다양한 건강식을 준비할 정도의 요리 실력을 갖추었고, 활발한 사회 활동으로 경제적으로 풍족하며, 나이만큼의 기품이 느껴지는 우아한 엄마인가요?

'에이, 이런 사람이 어디 있어?'라는 생각이 절로 듭니다. 완벽한 엄마가 되는 것은 불가능하다고 생각하면서 아이는 완벽하게 자라기를 바라는 분들은 이런 생각을 합니다.

'나는 더 이상 성장할 수 없는 어른이지만, 아이는 무한한 잠재력을 가지고 있으니까 가르치면 다 할 수 있어!'

나무에 물을 계속 주면 뿌리부터 썩어버리는 것처럼, 아무리 좋은 것도 지나치면 독이 됩니다. 아이도 마찬가지입니다.

제 첫째 아이는 말이 느렸습니다. 30개월이 지나도 '엄마'라는 말을 하지 못해서 언어치료를 시작했습니다. 꾸준한 언어치료

외에도 아이에게 다양한 자극을 주기 위해 많은 것을 했습니다.

워킹맘인 제가 회사에 있는 동안, 책을 읽어주는 선생님이 집으로 방문해 독서 활동을 했고, 이야기를 듣고 그림으로 표현하는 미술 수업을 했으며, 체육 선생님과 함께 언어를 자극하는 몸놀이를 했습니다. 퇴근 후에는 제가 매일 책을 읽어줬지만 6살이 되어서도 여전히 문장으로 말하지 못했습니다.

그런데 첫째 아이를 몇 주간 유심히 관찰하신 유치원 원장님이 언어치료를 제외한 모든 것을 그만둘 것을 권유하셨습니다. 유치원에서 수업을 할 때 아이가 잘 반응하지 않는데 문제의 원인이 인풋이 너무 많기 때문인 것 같다는 이유였습니다. 과한 인풋을 제거하고 얼마 지나지 않아 아이는 말문이 트였고, 유치원 활동도 더 적극적으로 참여하게 되었습니다.

아이가 집에서 했던 모든 수업을 즐거워했기 때문에 제 입장에서는 의외의 결과였습니다. 지금 생각해보면 다른 아이보다 느리다는 제 불안감이 아이에게 전해졌을 겁니다. 그래서 엄마가 원하는 만큼 해내지 못한다는 것이 아이를 자신감 없게 만들고, 매사에 의욕이 나지 않게 만들었던 것 같습니다.

다른 아이만큼 해내지 못하면 안 된다는 불안감은 내려놓고 내 아이의 속도에 맞추는 용기가 필요합니다.

완벽한 아이란, 부모가 바라는 모습을 갖춘 아이를 말하는 것이 아닙니다. 누군가의 마음에 드는 사람이 되려고 애쓰는 아이도 아닙니다. 자기 안에 들어 있는 재능을 바탕으로 자신만의 고유한 모습을 세상에 드러낼 자신감이 있는 아이입니다.

아이를 행복하게 만드는 대화법
vs 아이를 불행하게 만드는 대화법

'하버드대학교 성인발달연구'는 하버드대학교 학생 268명과 아이큐 140 이상의 여성 90명 그리고 빈민가 남성 456명을 대상으로 85년 넘게 지속한 종단 연구입니다. 당시 하버드대학교 학생이었던 존 F. 케네디^{John F.Kennedy} 전 미국 대통령이 포함되어 화제가 되기도 한 이 연구는 행복의 비밀을 풀기 위해 시작하였습니다.

연구 결과에 따르면, 노년에 행복하다고 응답한 사람들의 공통점은 사회적 지위, 지식, 명예, 돈이 아니었습니다. 돈이 많아도 불행한 사람이 있었고, 하버드를 졸업한 엘리트였지만 행복하다고 느끼지 못한 사람도 있었습니다. 65세 이후 행복하다고 응답한 사람들의 공통점은 '인간관계를 잘하는 사람'이었습니다.

연세대 사회발전연구소 발표에 따르면 우리나라 아동과 청소년이 느끼는 주관적 행복지수는 OECD 22개국 중 20위로 지난 10여 년간 조사에서 하위권을 벗어난 적이 없다고 합니다.

아이의 인간관계에서 가장 중요한 사람은 바로 부모입니다. 부모와 아이의 관계는 서로 어떻게 소통하는지 보면 알 수 있습니다. 2021년 〈한국청소년학회지〉에 실린 연구에 따르면 '부모와의 소통이 아이의 정서적 안정감과 삶의 태도를 만드는 데 영향을 준다'고 합니다. 부모와 활발하게 소통을 해온 아이는 문제 상황에 적극적으로 대처하고, 필요한 경우 주변에 도움을 요청했습니다. 이러한 방식은 아이의 행복지수를 높입니다.

어떻게 대화하면 아이를 행복하게 만들 수 있을까요? 아이가 감정을 표현하고 부모에게 받아들여질 때 자신을 더 잘 이해하고 자신감을 키울 수 있습니다. 그러면 부정적인 감정을 느끼거나 어려운 상황에서도 좀 더 긍정적으로 문제를 바라보고 유연하게 대처할 수 있게 됩니다. 다음은 아이가 생각과 감정을 자유롭게 표현할 수 있게 하는 대화의 기술입니다.

아이를 행복하게 만드는 대화법

1. 상황에 맞는 신호 보내기

아이가 먼저 보내는 대화의 신호에 부모가 관심을 표현하세요. 아이의 이야기를 듣고 싶다는 신호를 보내는 겁니다. 집안일을 하던 중이라도 아이가 말을 걸 때 몸을 돌려 시선을 맞추면 '네 이야기를 들을 준비가 되었어'라는 신호가 됩니다. 만약 지금 하는 일을 즉각 멈출 수 없다면 부드럽게 "잠깐만, 이 일이 금방 끝날 거야"라고 말하면 됩니다. 5분 이상이 걸린다면 시간이 조금 필요하다고 아이에게 미리 말해주는 것이 좋습니다.

아이가 어리다고 건성으로 대하는 행동은 존중하지 않는 것입니다. 컴퓨터 모니터에 시선을 고정한 상태거나, 주방에서 요리하는 자세 그대로 이야기를 듣는 것은 아이가 무시당하는 듯한 느낌을 줄 수 있습니다. 아이가 말을 걸어오면 잠깐이라도 하던 일을 멈추고 귀 기울여 주세요.

2. 아이의 감정까지 미러링하기

아이가 말을 하고 있다면 잘 듣고 있다는 신호를 보내주세요. 고개를 끄덕이고, 적당한 추임새를 넣으면서 아이의 말을 요약해서 다시 들려주면 됩니다.

예를 들어 "아, 그랬구나!" 또는 "어머, 놀랐겠네!" 등 대화 흐름에 맞게 추임새를 넣으면 아이가 더 신이 나서 말을 이어나갈 것입니다. 모든 말에 다 추임새를 넣을 필요는 없고, 고개를 끄덕이는 정도로 잘 듣고 있다고 알려줍니다.

미러링은 거울처럼 상대방의 말을 그대로 반사하여 다시 돌려주는 대화의 기술입니다.

"그 일은 그렇게 된 거였구나", "친구끼리 싸우다 둘 다 혼났구나" 등 아이의 긴 이야기가 끝나고 간단히 요약하는 미러링을 해주면 아이는 자신이 한 이야기의 오류를 발견해 말을 수정하거나, 엄마의 말이 맞다고 인정하며 다음 이야기를 이어나갈 것입니다.

이때 영혼 없이 기계적으로 아이의 말을 따라 하면서 로봇처럼 '~구나'만 반복하는 것은 적절한 미러링이 아닙니다. 아이의 말뿐만 아니라 그 말에 담긴 감정까지 함께 미러링해야 합니다. 아이의 말과 그 말에 담긴 감정을 표정으로 동의하는 것이 좋은 미러링입니다.

3. 먼저 마음에 공감해주기

아이가 부모에게 이야기하는 이유는 다양합니다. 재미있는 일화를 공유하고 싶거나, 시시비비를 가리고 싶거나, 억울함을 토로하고 싶은 마음 혹은 속상함을 알리고 싶은 마음일 수도 있습니다. 아이가 대화에서 전하고자 하는 이야기의 핵심을 파악하고 그 감정에 공감해 주세요.

"학교에서 형석이가 방귀를 꼈는데 소리가 너무 커서 선생님도 깜짝 놀랐어요"라는 에피소드에는 "진짜? 선생님이 그러셨어? 너도 놀랐어?"라고 흥미로움을 표현합니다.

"물병 뚜껑이 덜 닫혀서 노트가 다 젖었어요"라는 이야기에는 "그랬구나. 우리 아들 당황했겠네"라고 아이의 마음을 알아줍니다.

"친구가 창피할 수 있으니까 그런 걸로 놀리면 안 돼"라거나 "엄마가 물병 뚜껑 잘 확인하라고 했지!"라는 말은 아이가 '앞으로 엄마에게 이런 이야기는 하지 말아야지'라는 생각을 하게 만듭니다. 지금 바로 아이를 가르쳐야겠다는 생각은 잠시 접어두고, 먼저 아이의 마음에 공감해 주세요.

아이가 잘못한 상황도 마찬가지입니다. 예를 들어 친구의 장난감을 허락 없이 가지고 놀다가 선생님께 혼나서 속상했다는 이야기를 한다면 먼저 "선생님께 혼나서 속상했구나"라고 아이의 마음을 공감해 줍니다. 아이가 잘못을 저지르긴 했지만, 속상한 마음을 먼저 다독여주는 것입니다. 잘못된 행동은 있을 수 있지만, 잘못된 감정은 없습니다. 이 과정이 아이의 잘못된 행동까지 인정하라는 의미는 아니므로, 공감해준 후에는 잘못한 점에 대해 이야기를 나누고 스스로 깨닫지 못하는 부분이 있다면 알려줍니다.

아이의 잘못을 알려주기 전에 왜 먼저 공감해 주어야 할까요? 마음이 다독여진 다음에 다른 사람의 말을 잘 들을 수 있는 준비가 되기 때문입니다. 감정이 격하거나 억울한 마음이 가득한 상태에서는 아이가 생각했을 때 타당한 말이라고 하더라도 마음에 와닿지 않습니다.

어릴 때부터 부모에게 감정을 이해받으며 성장한 아이는 중고등학생이 되어서도 어떤 문제가 생겼을 때 망설임 없이 부모에게 도움을 요청할 수 있게 됩니다. 이 경험은 아이가 부모는 무조건 자신의 편이고, 나를 사랑하고 있다는 것을 느끼게 하기 때문입니다.

아이가 부모와의 대화를 좋아하게 만드는 방법이 있는 것처럼, 반대로 말하고 싶지 않게 만들 수도 있습니다. 더 이상 대화하고 싶지 않게 만드는 방법은 대화하고 싶게 만드는 방법을 반대로 하면 됩니다.

· 아이가 말을 걸어도 반응하지 않고 하던 일에 집중한다.
· 아이와 마주하고 있지만 아무런 표정이나 반응 없이 듣기만

한다.

· 아이의 이야기를 팔짱을 끼고 방어적인 자세로 듣는다.

· 아이가 슬픈 이야기를 할 때도 전혀 공감하지 않고 혼자 빙
그레 웃는 등의 행동을 한다.

이런 행동들은 아이가 존중받지 못한다고 느끼게 하고, 말하
고 싶지 않게 만듭니다. 이러한 행동이 반복되면 부모와 아이 사
이는 멀어집니다.

이번에는 아이와 대화할 때 유의해야 할 점에 대해 알아보겠
습니다. 아이의 마음을 여는 대화법을 아는 것만큼이나, 마음을
닫게 하는 대화법을 피하는 것도 중요합니다.

아이를 불행하게 만드는 대화법

1. 비난

"도대체가 넌 왜 그런 식으로 말하니?"

비난의 말은 잘못된 행동이 아니라 '나'라는 사람 자체를 비
난하는 것처럼 느끼게 합니다.

"너는 왜 **매일(늘, 항상, 언제나, 매번)** 화를 내니?"

"네가 알아서 정리하는 것을 **한 번도** 못 봤어!"

아이가 항상 잘못한 것처럼 몰고 가는 말입니다.

"넌 정말 **게을러(덜렁대, 칠칠맞아).**"

성격을 단정 지어 말하는 것은 개선의 여지가 없는 사람이라는 말로 들리게 합니다.

2. 경멸

"네 까짓 게 커서 뭐가 될지 진짜 걱정이다."

경멸은 아이와 제일 빠르게 원수가 되는 말로 절대 사용해서는 안 됩니다. 경멸은 스스로 타인보다 우위에 있다고 여길 때 할 수 있는 행동입니다. 이런 말습관을 가진 사람은 자신이 지적, 도덕적, 인간적으로 우월하다고 느끼고, 다른 사람의 단점을 먼저 보는 습관이 있습니다.

우리는 말(7%), 목소리(38%), 표정 및 눈빛과 같은 행동(55%)에서 상대가 자신을 어떻게 대하고 있는지 느낄 수 있습니다. 대화를 할 때 말의 내용뿐 아니라 목소리와 표정도 신경 써야 하는 이유입니다.

3. 방어

"너 때문에~."

일부 부모들은 자신이 피해자인 것처럼 말을 합니다. 자기연민에 빠지거나 분노하여 울기도 하고, 억울함을 호소하며 아이의 말을 받아치기도 합니다. 이러한 행동은 상처로부터 자신을 보호하려는 욕구에서 비롯됩니다. 방어적인 말은 자신을 보호할지 모르지만, 아이는 상처받게 됩니다.

4. 외면

어떤 말을 하더라도 부모가 전혀 관심을 보이지 않거나, 아이를 투명인간 취급하는 것은 아이가 철저히 무시당하고 있다는 느낌을 줍니다. 부모가 아이의 말을 듣고 있다는 표시를 전혀 하지 않는 태도는 아이에게 상처를 주고, 대화의 의미가 없다는 생각을 심어줍니다.

새로운 일을 시작하거나 습관을 만들 때 좋은 건 알겠는데 시간과 노력을 들일 만한 가치가 있는지 고민된다며 시작을 망설이는 사람들에게 저는 늘 "돈 안 들면 일단 하세요"라고 말합니다. 그리고 처음부터 잘하지 못해도 괜찮다고도 말씀드립니다.

육아도 마찬가지입니다. 서툴러도, 어색해도 상관없습니다. 아이는 완벽한 부모가 아니라 사랑을 표현하는 부모를 좋아합니다. 관심, 경청, 공감을 담은 말로 아이에게 사랑을 표현해 주세요.

아이의 정서적 경계를
존중하라

　요즘 SNS에 아이가 우는 모습의 영상들이 많습니다. 아이가 입을 삐죽삐죽하다 울음을 터뜨리는 귀여운 모습에 영상을 보는 사람들은 엄마 미소, 아빠 미소를 짓게 됩니다. 그런데 반응이 재미있어서 아이가 싫어하는 말 또는 행동을 자주 하는 부모가 있습니다.

　키가 작고 통통한 편인 슬기는 초등학교 1학년입니다. 학교에서 서로 안아서 들어보고 제일 가벼운 사람 뽑기 놀이를 하는데 친구들이 슬기에게 가장 무겁다고 했습니다.

"너는 키가 작은 데도 무거워. 뚱뚱한가 봐."

상처받은 슬기는 이 일을 계기로 자신의 키와 체중에 신경이 쓰였습니다. 속이 상한 슬기는 저녁을 먹으며, 오늘 학교에서 있었던 일을 부모님께 이야기했습니다.

"엄마, 키 크고 날씬해지려면 어떻게 해야 돼요?"

옆에서 슬기의 말을 들은 아빠는 대수롭지 않게 대답합니다.

"넌 엄마 닮아서 그렇게 안 돼."

평소에도 장난기가 많은 아빠는 웃으면서 슬기를 더 놀립니다.

"너 배가 좀 나오긴 했지."

"아빠, 그렇게 말하지 마세요."

"왜 본 대로 말하는 건데. 그러고 보니 볼도 더 통통해진 것 같네."

슬기는 급기야 울음을 터뜨렸고, 그제야 아빠는 장난을 멈추었습니다.

찬민이는 5세 남자아이입니다. 찬민이는 아빠와 노는 것을 좋아하지만, 아빠와의 놀이 시간이 10분이 지나면 엄마는 슬슬 불안해집니다. 인형으로 엉덩이를 토닥이는 놀이로 시작해도 시간이 지날수록 과격해져 서로 있는 힘껏 때리는 놀이로 변하기 때문입니다. 처음에는 웃으며 하다가 서로 얼굴을 붉혀가며 공격적으로 변하는 모습을 보면 엄마는 걱정스럽습니다. 놀이가 과격해질 기미가 보여 눈치를 줘도 아빠는 전혀 개의치 않습니다.

"여보, 놀이가 너무 심한 거 같아."

"남자들은 이렇게 커야 돼."

놀이는 항상 찬민이의 울음으로 끝납니다. 엄마는 격해진 감정을 주체하지 못하거나, 분을 참지 못하고 우는 찬민이가 걱정됩니다.

심리학자와 사회학자들은 개인의 영역을 침범당했을 때 강한 감정적 반응이 일어난다고 합니다. 아이가 참기 어려운 수치심, 분노, 억울함 등을 느끼는 것입니다. 정서적 경계, 신체적 경계가 침해당하는 것을 원하는 사람은 아무도 없습니다. 아직 어리다고 해도 듣고 싶지 않은 말을 계속 듣는 것은 정서적 경계를 침해당하는 것이고, 몸이 아프도록 놀이를 하는 것은 신체적 경계를 넘어선 행동입니다.

그런데 부모가 자녀의 경계를 인정해주지 않는 경우는 생각보다 흔하게 발생합니다. 일상에서 다음과 같은 상황이 없었는지 한번 생각해 보세요.

1. 스킨십을 원하지 않는데 강요하는 경우

오랜만에 아이와 함께 조부모님을 만났습니다.

"희철아, 할아버지가 반가워하시는데 뽀뽀해드려."

"……."

아이는 쭈뼛대며 엄마의 뒤로 숨었습니다.

"할아버지는 네가 좋아서 그러시는데 이러면 어떻게 해. 어서 뽀뽀해드려."

이런 말은 아이의 신체적 경계를 존중하지 않는 것입니다. 어색한 상황에서 아이가 스킨십을 원치 않는 것은 자연스러운 반응으로 이해하고 존중해 주어야 합니다. 만약 이런 상황에서 강요한다면, 아이는 스킨십이 싫어도 누군가 부탁하면 참고 해야 한다고 생각할 수 있습니다.

아이가 스킨십을 원치 않는다면 엄마는 부드럽게 "오랜만에 만나서 좀 어색해하는 것 같아요"라고 조부모님께 설명하고, 아이의 경계를 존중하며 시간을 두고 조금씩 적응할 수 있도록 도와야 합니다. 아이가 편안한 상태에서 대화하면, 서로 마음을 열고 소통할 수 있습니다.

2. 허락 없이 일기장, 핸드폰을 보는 경우

아이의 동의 없이 일기장을 열람하거나 핸드폰을 살피는 행동은 위험합니다. 아이의 일상이 궁금하고 걱정이 되어 봤다고 하더라도 신뢰를 잃을 수 있습니다.

특히 몰래 핸드폰을 확인해 아이의 문제 행동을 발견한 경우 효과적으로 훈육을 하기 어렵습니다. 아이의 문제 행동에 대해 이야기하려면 허락 없이 일기장이나 핸드폰을 확인한 사실을 솔직하게 인정해야 하는데, 아이는 왜 봤는지에 대해 따질 수 있습니다. 이런 상황은 훈육의 목적을 흐릴 수 있습니다. 또한 타인의 사생활을 존중해야 한다는 것을 가르치기 어려워집니다.

따라서 아이의 일기장이나 핸드폰을 확인하고 싶을 때는 미리 아이와 합의한 규칙을 통해 접근하는 것이 좋습니다. 예를 들어 핸드폰은 부모와 연락할 필요가 있어서 산 것이고, 안전을 위해 부모가 아이의 핸드폰을 볼 수 있다는 것을 사전에 약속하는 것입니다. 합의된 약속은 부모와 아이 간의 신뢰를 유지하면서 소통하는데 도움이 될 것입니다.

3. 아이의 감정을 무시하는 경우

"선생님은 예지만 예뻐해요", "지애는 못됐어요"라고 말하더라도 아이의 감정은 인정해 주어야 합니다.

"너 과민반응을 하는구나."

"그렇게 말하면 안 돼."

이와 같이 감정을 일축하거나 가볍게 여기는 말은 아이 스스로 자신의 생각을 믿지 못하게 만듭니다.

인지, 정서, 사회적인 영역을 담당하는 전두엽은 20대 중반이 되어야 완성됩니다. 아이들은 아직 뇌가 미성숙하기 때문에 논리적인 사고력이 부족합니다. 따라서 부당한 생각, 나쁜 감정을 느끼는 자신을 나쁜 아이라고 생각할 수 있습니다. 아이가 하는 말이 과민반응처럼 여겨지더라도 아이가 그렇게 생각하고 말하는 이유를 물어봐야 합니다.

아이는 자신의 감정을 표현하고 이해받는 것이 중요하며, 부정적인 감정을 솔직하게 이야기할 수 있는 환경이 필요합니다. 또한 부모나 양육자는 아이의 감정을 존중한다는 메시지를 전달해야 합니다.

"왜 그런 감정을 느끼는지 엄마한테 말해줄래?"
"어떻게 도와줄 수 있을까?"

이와 같이 열려 있는 대화를 통해 아이의 감정을 공감하고 지지하는 것입니다.

4. 친구의 초대에 참석을 강요하는 경우

아이의 생일파티 초대나 키즈카페에서의 만남은 보통 엄마들 간의 소통과 계획에 의해 이루어집니다. "이번에 우리 애가 생일파티를 해요. 주언이도 와요" 하며 초대를 받으면 아이에게 의사를 묻지 않고 승낙하는 경우가 있습니다.

아이는 파티에 가고 싶어 하지 않는데, 엄마가 친구관계를 위해 파티에 참석해야 된다고 강요하는 것은 좋지 않습니다. 이 때는 아이가 가고 싶어 하지 않는 이유를 물어보고 의견을 존중해 주어야 합니다.

아이가 자신의 의견을 표현하고 이를 존중받는 경험은 자기 표현 능력과 타인과 소통하는 기술을 향상시키는 데 도움이 됩니다. 아이의 사회생활에서는 항상 아이가 주인공이라는 점을 잊지 말아야 합니다.

5. 아이의 독립성과 책임을 인정하지 않는 경우

아이의 독립성과 의사결정 능력은 부모의 지원과 이해를 통해 발전할 수 있습니다. 아이 연령에 맞는 책임을 맡기거나 결정을 내릴 수 있도록 해야 합니다. 아이가 처음으로 자신의 의사를 표현하는 순간 중 하나는 "먹기 싫어!"라는 말입니다. 아이가 배가 부르거나 음식이 맛없다고 거부하는 것은 생각을 표현한 것입니다.

그럼에도 불구하고 엄마가 정해 놓은 양을 다 먹어야 한다고 강요하면 아이는 자신을 독립적인 주체로 인식하지 못할 수 있습니다. 엄마의 지시에 따라 행동하기를 강요하면 아이는 수동적인 성격이 되고, 자신의 생각이나 요구를 말하는 것이 어려워질 수 있습니다.

6. 외모나 복장을 놀리는 경우

아이의 옷 선택이나 외모에 대한 비판은 신체 이미지와 자존감에 영향을 줍니다. 때로는 아이가 선택한 옷이 어른의 시각에서 적절하지 않게 느껴질 수도 있습니다. 그러나 이때 "촌스러워", "같이 다니기 창피해"와 같은 말은 아이의 자존감에 상처를 줄 수 있습니다. 이때는 아이가 나이에 맞는 최선의 선택을 했다는 점을 이해하고 인정해 주어야 합니다.

아이가 한껏 치장한 후 기대감에 찬 눈빛을 보내는데 칭찬하기 어려운 경우가 있습니다. 이때는 "마음에 들어? 네가 좋으면 엄마도 좋아"라고 말해주면 아이의 결정과 선택을 존중하는 대화를 이어갈 수 있습니다. 부모의 긍정적인 표현은 아이의 자아존중감에 도움이 됩니다.

부모는 다양한 상황에서 아이의 개별성을 존중하는 자세가 필요합니다. 각자의 성격, 취향, 경험 등을 이해하고 받아들이는 것이 건강한 부모와 자녀 관계의 핵심이 되기 때문입니다.

아이의 뇌가 미성숙해 어른처럼 생각하지 못한다고 아이의 감정까지 미성숙한 것은 아닙니다. 아이의 경계를 존중해주는 부모의 태도는 아이 스스로 가치 있고, 부모에게 이해받고 있다고 느끼게 합니다. 아이에게 평생 도움이 될 건강한 자존감, 자율성, 자기결정력 등 긍정적인 가치를 키워주세요.

나도 모르게 아이에게
자꾸 화가 난다면

'세상에 둘도 없는 기쁨'이라는 문장을 보고 연상되는 단어는 무엇인가요?'라고 질문하면 엄마들은 대부분 주저 없이 '내 아이'라고 대답할 것입니다. 그런데 이 행복 덩어리와 단둘이 있는 것을 독박육아라고 부르고, 하루에도 수차례 아이에게 화를 내고 윽박지르는 이유는 무엇일까요?

〈뉴욕 매거진New York Magazine〉에 '모든 것이 기쁨 그러나 재미는 없음: 왜 부모는 육아를 싫어하는가'라는 제목의 기사가 실렸습니다. 이 기사는 150만 회가 조회되었고, 이후 동일한 주제의 책이 출간되자마자 아마존 종합 베스트셀러가 되었습니다. 이것은 미국의 부모들도 육아로 인해 어려움을 겪고 있다는 사실을 알려줍니다.

더 나은 엄마가 되기 위해 공부하고, 책을 읽는 엄마들과 함께하는 채팅방에는 '오늘도 아이에게 화를 냈다. 미안하다'는 글이 매일 올라옵니다. 3살 아이의 엄마도, 13살 아이의 엄마도 화를 내고 후회하는 일의 연속입니다. 하루는 또 다른 누군가가 속상함을 토로하자 이런 글이 올라왔습니다.

"화내지 않으면 부처지, 엄마가 아니에요."

아이에게 화내고 자괴감에 빠진 엄마를 위로하는 메시지였는데 이 말에 공감하는 엄마들이 적지 않았습니다. '세상에 둘도 없는 기쁨'인 아이를 키우며, 감정이 매우 격해지는 상황을 겪는 사람이 많다는 것은 모순처럼 느껴집니다.

3살 아이에게 30년은 더 산 엄마가 이성을 잃고 소리치고는 자괴감에 빠집니다. 그러지 말아야지 생각하지만 그 순간이 되면 또다시 화가 납니다. 육아를 하면서 왜 자꾸 화가 나는 것일까요?

300명의 엄마들을 대상으로 '육아를 할 때 화가 나는 순간'에 관한 설문조사를 한 적이 있습니다. 최근 일주일 내에 다음과 같은 상황에서 화가 난 적이 있는지 질문했습니다.

- 등원이나 등교 시간이 다 되었는데 늑장을 부리는 경우
- 아이가 식사를 빨리 마무리하지 않는 경우
- 숙제(오늘 해야 할 공부)를 먼저 한 뒤에 놀라는 말을 듣지 않는 경우
- 잘 시간이 되었는데 잠을 자지 않는 경우
- 아이가 집을 어지르고 정리하지 않는 경우
- 씻으라고 말했는데 움직이지 않는 경우

이와 같은 상황에서 화를 내지 않은 사람은 10%도 되지 않았습니다. 누군가는 당연히 화가 날 수밖에 없는 상황이라고 여길 수 있고, 다른 누군가는 화낼 만한 상황은 아니라고 생각할 수 있습니다. 같은 상황이지만, 사람마다 다르게 받아들이는 이유가 있습니다.

이 상황들의 공통점은 아이가 말을 듣지 않아 엄마의 계획대로 되지 않거나, 계획이 실패할 위기에 있다는 것입니다.

- 유치원 버스를 놓치면 지각하게 된다.
- 아이가 밥을 먹고 나면 정리하고 쉬려고 했는데 쉴 수 없다 (또는 다음 일정이 늦어진다).
- 자기주도학습 습관을 만들어주고 싶지만 아이가 바람대로

되지 않는다.

· 아이를 재우고 육퇴를 하려고 했지만 잠들지 않는다.

· 위생 관리를 잘해서 아프지 않기를 바라지만 아이가 말을 듣지 않는다.

누구나 자신의 계획이 외부 요인(사람/상황)으로 인해 무산될 때 화가 납니다. 나의 권리가 침해당했다는 생각이 드는 것입니다.

아이가 등원 전 밥을 천천히 먹는 상황이라 할지라도 '오늘은 유치원 버스를 태우지 말고, 내가 직접 데려다 줘야지'라고 생각하는 날은 아이가 늑장을 부려도 화나지 않습니다. '내일 장거리 여행을 가야 하니까, 차라리 오늘 늦게 자고 내일 차에서 많이 자는 게 좋지'라고 생각을 하면 아이가 잠을 자지 않아도 화나지 않습니다.

내가 화나는 이유는 아이 때문이 아니라, 기대가 이루어지지 않았기 때문인 것입니다. '너 때문에 화났어'라는 말은 '네가 내 기대를 저버렸어. 내 계획대로 네가 따라줘야 해'라는 뜻입니다. 비폭력대화센터를 설립한 심리학자 마셜 로젠버그Marshall B.Rosen-burg는 '화는 내 기대와 욕구의 좌절에서 온다'고 했습니다. 아이의 욕구와 나의 욕구는 다릅니다. 사람마다 각자의 고유한 욕구가 있기 때문에 아이가 내 말을 듣지 않는 것은 당연합니다.

뇌과학 연구에 따르면 10~11세까지 가완성되었던 전두엽은 사춘기를 거치면서 대대적인 리모델링을 합니다. 아동기와 청소년기에는 생각하고 판단하는 능력이 미성숙할 수밖에 없습니다. 그래서 아이는 '밥을 늦게 먹고, 잠을 자지 않는다'는 이유로 엄마에게 혼이 나면 억울합니다. 엄마가 화내는 것이 부당해 보이고 엄마가 나쁜 사람인 것처럼 느껴지지만, 아이는 부모를 미워하는 것에 두려움을 느낍니다.

아이에게 부모는 절대적인 존재이기 때문에 미움을 받는 것보다 '내가 잘못했다'고 생각하는 것을 택하는 경우가 많습니다. 그렇게 하는 것이 심적으로 더 편하기 때문에 '밥을 빨리 먹지 않은 나에게 엄마가 화를 내는 것은 당연해', '늦게까지 자지 않는 나에게 엄마가 화를 내는 것은 옳은 일이야'라고 생각해 버립니다.

이후 아이는 같은 이유로 부모에게 혼나는 일이 점점 줄어들면서 잊게 되는데, 성인이 되어 육아를 하면서 어릴 적 느꼈던 감정들을 마주하게 됩니다. '초감정'은 감정 너머의 감정을 의미하는데 '정전된 감정'이라고도 합니다. 평소에는 잊고 지내다가 유사한 상황에서 자극을 받으면 그 상황과 감정이 다시 생각나는 것입니다.

육아에서 초감정이 자극되는 순간은 어릴 때 겪었던 상황과 유사하지만, 입장은 바뀌어 있습니다. 엄마에게 혼나던 아이가 성장하여 엄마의 입장에서 같은 상황을 경험하는 것입니다.

어른이 된 엄마가 아이의 말대답에 참을 수 없이 화가 나는 이유는 어릴 적 비슷한 상황에서 엄마에게 혼이 난 경험이 있기 때문입니다. 무의식 속에 말대답하는 아이는 나쁜 아이고, 엄마에게 혼나는 게 당연하다는 생각이 자리 잡고 있기 때문에 참을 수 없이 화가 나는 것입니다.

저는 어릴 적 엄마가 엄마의 친구들과 차를 마시면서 이야기를 나눌 때, 그 공간에 함께 있는 것이 참 좋았습니다. 제가 대화에 참여하지 않아도 그 공간에 있고 싶었습니다. 하지만 엄마는 "어른들 이야기하는데 턱밑에 앉아 있다"고 별 이유 없이 저를 혼내시곤 했습니다. 한 번은 저를 혼낸 것이 멋쩍으셨는지 엄마도 외할머니께 같은 이유로 혼난 적이 있다고 고백하셨습니다.

그런데 감정코칭을 공부하면서 초감정을 돌아보니, 저 역시 같은 상황에서 이유 없이 불편해하고 화를 내고 있었습니다. 제가 친구와 이야기를 나눌 때, 옆에 앉아 있는 딸아이가 못내 불편해서 기어이 다른 공간으로 보내야 마음이 편안해지는 것이었습니다.

화가 나거나 마음이 불편해지는 순간, 이 감정이 나의 감정에 기인한 것인지 아닌지 판단해볼 필요가 있습니다. 내가 화가 나는 이유가 아이 때문이 아니라는 것만 알아도 화를 내는 횟수가 줄어들고 정도를 조절할 수 있게 됩니다. 화가 나는 것은 내가 선택할 수 없지만, 화를 표현하는 방법은 선택할 수 있습니다.

생각의 함정에
빠지지 않고 말하는 연습

중2 아이를 둔 선배의 이야기입니다. 학원에서 '아이가 아직 오지 않았다'는 전화를 받고 선배는 화가 많이 났습니다. 친구들과 놀다가 학원 시간에 맞춰서 가겠다며 집에서 일찍 나간 아이의 말이 생각나면서, 아이가 왜 학원에 가지 않았는지 머릿속에 상황이 그려졌습니다. 아이가 오기만을 기다리고 있는데 학원이 끝나는 시간에 맞춰 집에 들어오는 아이를 보니 화가 났지만 억누르며 침착하게 말했습니다.

"어디 갔다 왔어?"

아이가 심드렁하게 "학원 다녀왔지"라고 말하는 순간, 이성의 끈이 끊어지는 느낌을 받았습니다.

"네가 그러면 그렇지. 친구랑 놀다가 학원에 간다고 할 때부터 이럴 줄 알았어! 엄마 속이고 노니까 재미있었니?"

학원을 빠진 것도 괘씸한데 거짓말까지 하다니 더 이상 참지 못하고 아이에게 해서는 안 될 말까지 하고 말았습니다. 아이는 학원에 다녀왔는데 무슨 말이냐고 같이 소리를 질렀고 결국 학원에 확인 전화까지 하게 되었습니다. 알고 보니 아이가 조금 지각을 했지만 학원에 갔고, 학원에서 학부모에게 다시 연락을 한다는 걸 빠뜨린 것이었습니다.

3시간의 수업을 모두 듣고 집에 들어온 아이에게 막말을 퍼부었으니 얼굴이 화끈거렸는데, 미안하다는 말이 나오지 않아서 괜히 "그러게. 평소에 믿을 수 있게 행동을 했어야지!"라며 아이 잘못으로 몰아갔습니다. 뒤늦은 후회를 했지만 '이미 엎질러진 물'처럼 상황을 되돌릴 수는 없었습니다.

이성의 끈이 끊어질 정도로 아이에게 퍼부었다는 선배의 화는 어디에서 시작된 것일까요? 아이가 친구와 놀다가 학원에 간다고 말을 하는 순간, 선배는 아이가 학원에 빠질 수도 있다는 생각을 했습니다. 그래서 학원에서 전화를 받았을 때 아이가 지금 어디에 있는지, 늦게라도 학원에 왔는지 확인하지 않았습니다.

학원이 끝나고 오는 시간에 아이가 온 것도 선배를 더 자극하였습니다. 아이가 마치 완전 범죄를 하려고 놀다가 시간에 맞춰서 들어온 것으로 보였기 때문입니다. 아이는 학원에 다녀왔다고 말했지만, 그 말을 믿을 수 없었습니다. 이미 모든 상황을 '아이가 학원에 빠졌다'라는 생각에 맞춰서 보고 있었기 때문입니다.

아이에게 화를 쏟아낸 이유가 선배의 말처럼 정말 아이가 평소에 믿을 수 없는 행동을 했기 때문일까요? 다른 사례를 보겠습니다.

집에 퇴근하고 오니 아이가 TV를 보고 있습니다. 그 모습을 본 엄마는 화가 납니다. 자기주도학습을 하는 친구의 아들 이야기와 아이의 지난 시험 성적이 생각나고, 지난달 결제한 학원비도 떠오릅니다.

"또 TV를 보는 거야? 공부는 도대체 언제 하려고 그래!"

정말 아이는 '또' TV를 본 것일까요? '또'라는 단어는 객관적이지 않다는 것을 기억해야 합니다. 어떤 일이 거듭하여 생기는 것을 의미하는 '또'라는 말에는 반복되는 일의 주기를 담고 있지 않습니다. 아이는 오전에 TV를 보고 오후에도 보는 것을 '또' 보는 것이라고 생각할 수 있습니다. 엄마는 매일 TV 보는 것을 '또'라고 말할 수 있습니다. 이렇게 서로가 상황을 바라보는 기준이 다르면 억울한 사람이 생깁니다. 관대한 기준을 적용한 사람은 비난받는 이유를 몰라서 억울하고, 엄격한 기준을 적용한 사람은 자신을 야박한 사람으로 몰아가는 시선이 억울합니다.

엄마는 한 가지 실수를 더 했습니다. 집에 들어오는 순간 TV 앞에 있는 아이를 보고 학교에서 돌아와 계속 TV를 봤을 거라고 '생각'한 것입니다. 그래서 오늘 할 일을 다 하고 쉬는 것인지 물어보지도 않고 "공부는 도대체 언제 하려고 그래!"라고 말했습니다.

그런데 이 사례의 아이는 학교에 다녀오자마자 숙제를 열심히 했고 이제 막 TV를 보기 시작한 것이었습니다. 아이는 얼마나 억울했을까요?

사람은 경험하고 학습한 것을 바탕으로 상황을 유추합니다. 하지만 이러한 생각이 맞지 않는 경우도 있습니다. 어른과 어른 사이에서 일어나는 오해와 실수는 부모와 자식 사이에서 일어나는 것과 차이가 있습니다. 부모와 자식의 경우, 부모가 우위에 있다고 무의식적으로 생각하기 때문에 아이가 잘못을 했을 때 잘못의 크기보다 더 많이 비난하는 경우가 생깁니다. 비난은 내가 상대방보다 우위에 있다고 여길 때 할 수 있기 때문입니다.

부모는 아이가 무언가 잘못을 했을 때 걱정이 꼬리에 꼬리를 물고 이어집니다. 아이가 학원에 빠졌다는 사실을 안 순간 이런 일이 반복되지 않을까 걱정되고, 앞으로 같은 일이 발생할 경우에 어떻게 대처해야 할지 고민이 됩니다. 아이가 학원에 갔다고 거짓말을 했다는 사실과 지금까지 나를 속인 것이 이번이 처음이 아닐 거라는 생각에 화가 납니다. 벌써부터 이렇게 행동하는데 사춘기가 오면 탈선을 막을 수 있을지 걱정도 됩니다.

부모는 아이의 잘못 하나를 보면서 최악의 미래까지 경험한 듯한 착각에 빠집니다. 그래서 이성의 끈이 끊어진 것처럼 화가 나는 것입니다. 펜실베이니아 주립대 톰 보코벡Tom Borkovec 연구팀은 걱정의 79%는 현실에서 일어나지 않고 16%는 대비하면 일어나지 않을 일이며 5%만이 실제로 일어난다고 발표했습니다. 80% 가까운 확률로 일어나지 않을 일에 대한 걱정은 접어두고 눈에 보이는 것, 내가 직접 들은 것만 말하는 연습을 해보세요.

"학원에서 네가 안 왔다는 전화를 받았어."

"TV 보니?"

생각을 빼고 눈에 보이는 것만 말하면 "학원에 좀 늦었어요", "숙제는 다했고 지금 막 켰어요"라는 대답을 들을 수 있었을 것입니다. 확인하지 않고 부모의 추측을 마치 사실처럼 단정 지어 말하면 아이는 억울합니다. 이런 억울함이 쌓이다 보면 부모와 아이의 사이는 점점 멀어지게 됩니다.

현진이는 희정이가 가지고 노는 인형이 지수의 애착 인형인 것을 보고 의아합니다. 그런데 건너편에서 지수가 울고 있습니다. 현진이는 희정이가 지수의 애착 인형을 빼앗았다고 생각합니다. 희정이는 전에도 지수의 장난감을 몰래 가지고 논 적이 있었습니다. 그래서 현진이는 선생님께 "선생님, 희정이가 지수를 울렸어요"라고 말했습니다. 그런데 희정이가 가지고 논 인형은 지수의 애착인형과 비슷하게 생긴 희정이의 인형이었고, 지수가 운 것은 다른 이유에서였습니다. 이후 현진이는 친구들 사이에서 '거짓말하는 아이'로 불리게 되었습니다.

아이들은 어른의 입장에서 별것 아닌 이유로 친해지기도 하고 멀어지기도 합니다. 현진이가 오해한 것이었다는 선생님의 설명을 들어도 감정이 다치면 관계가 회복되는 데 시간이 필요합니다.

아이와 함께 동화책을 보면서, 1분이라는 시간을 정해두고 눈에 보이는 대로 말하는 연습을 해보세요. 그림책《흥부와 놀부》에서 놀부가 심술궂은 표정으로 다리를 다쳐서 울고 있는 제비를 잡고 있는 그림을 보고 있다고 가정해 보겠습니다. 이때 '못된 놀부', '불쌍한 제비'라는 것은 내 생각입니다.

전체적인 이야기가 아닌 이 장면만 떼어 놓고 본다면, 배가 아픈 놀부가 표정을 찌푸리면서 다친 제비의 다리를 보살펴주는 상황이었을지도 모릅니다. 생각은 상황을 왜곡해서 보게도 만듭니다. 그래서 '비단옷을 입은 남자가 제비를 잡고 있네', '제비가 울고 있네', '남자가 표정을 찌푸리고 있네'와 같이 눈에 보이는 것만 생각하는 연습도 필요한 것입니다.

그림책 외에도 아이와 함께 버스, 커피숍, 식당, 마트 등 일상생활에서 3분 이내로 시간을 정해두고 의식적으로 보이는 것에만 집중하는 연습을 해볼 수 있습니다. 추측하지 않고 보이는 대로 말하는 연습을 하면 쉽게 생각의 함정에 빠지지 않고, 상황을 다양한 관점에서 보게 될 것입니다.

부정적 감정을 다루는
잘못된 방법이 아이를 망친다

부모가 자녀의 상황을 가볍게 여기는 일은 일상에서 흔하게 일어납니다. 5살 지훈이는 블록을 쌓다가 무너지자 서럽게 울기 시작합니다. 그러나 부모는 우는 지훈이가 마냥 귀여워 보이고, 이 높이만큼 블록을 쌓은 것만으로도 대견합니다. 그래서 아이에게 "괜찮아"라고 말합니다. 지훈이는 자신이 괜찮지 않은데 '괜찮아'라고 말하는 부모를 이해할 수 없습니다.

12살 아름이의 반려견은 얼마 전 무지개다리를 건넜습니다. 태어나면서부터 함께했던 반려견의 죽음은 아름이에게 크나큰

상실감을 안겼습니다. 처음에는 아름이의 슬픔을 이해하던 부모도 애도가 길어지자 '이제 그만했으면' 하는 마음이 생겼습니다. 아이의 일상이 무너지는 것을 더 이상 지켜볼 수 없기도 했습니다. 그래서 아름이에게 "그만하면 됐어. 이제 그만 울어"라고 말했습니다. 아름이는 아직도 눈물이 멈추지 않을 만큼 슬픈데 '그만하면 됐어'라는 부모의 말이 서운하기만 합니다.

10살 승현이는 좋아하는 여자 친구가 있습니다. 그런데 같은 반인 수빈이는 승현이에게 도통 관심이 없어 속상합니다. 엄마를 통해 승현이의 짝사랑 이야기를 듣게 된 아빠는 승현이를 놀립니다.

"그 여자애 어디가 좋아? 너가 누구를 좋아한다는 게 뭔지는 알아?"

아빠는 아들이 장난기 가득한 어린아이처럼만 보입니다. 그래서 아들이 누군가를 좋아하는 마음 또한 작고 귀여워 보입니다. 하지만 승현이는 아빠가 자신의 감정을 무시하는 것 같아 불쾌합니다.

정신의학자 존 볼비John Bowlby는 부모가 자녀의 감정이나 문제를 가볍게 여기는 행동이 자녀의 정서 발달과 정신 건강에 부정적인 영향을 준다고 강조합니다. 이것이 지속되면 자녀는 감정 표현을 어려워하게 되고, 부모와 더 이상 감정과 경험을 나누고 싶어 하지 않게 됩니다.

〈이상아동심리학저널Journal of Abnormal Child Psychology〉에 따르면 아이에게 일어난 일을 마치 없었던 것처럼 대수롭지 않게 여기는 부모의 행동은 아이의 불안과 우울에 영향을 줍니다. 〈가족심리학저널Journal of Family Psychology〉에서도 부모가 아이의 감정을 인지하지 못하면 감정 조절에 어려움을 겪고, 문제 행동이 발생할 가능성이 높아진다는 연구 결과를 발표한 바 있습니다.

앞 사례의 부모들이 아이의 감정을 축소하거나 무시하는 이유는 무엇일까요? 부정적인 감정이 아이를 힘들게 만든다고 생각하기 때문입니다. 또는 아이가 속상해하거나 슬퍼할 때 이 상황에서 빨리 벗어나게 해주고 싶을 수 있습니다. 그래서 아이가 부정적인 감정을 보이면 문제를 해결하는 대신 감정을 억누르도록 부모가 윽박지르는 경우가 있습니다.

"조용히 해!"

"뭘 잘했다고 울어. 뚝 그쳐!"

이런 부모들은 아이의 감정을 마치 스위치처럼 껐다 켰다 조절할 수 있다고 여기는 경향이 있습니다. 그래서 아이가 현재 느끼고 있는 부정적인 감정을 빠르게 해소해야 한다고 강요하는 것입니다. 이러한 태도는 감정이 유연하게 변할 수 있다는 것을 간과하는 것입니다.

부정적인 감정은 불쾌하거나 불편한 감정으로 여겨지며, 스트레스나 괴로움과 연결이 되어 있습니다. 대표적인 부정적 감정은 다음과 같습니다.

- **슬픔** 상실이나 실망을 경험했을 때 느끼는 감정
- **분노** 부당한 일 등을 당해 드는 강한 불쾌감이나 적개심
- **두려움** 어떤 대상을 무서워하여 드는 불안한 마음
- **부끄러움** 일을 잘 못하거나 사회적으로 용납할 수 없는 일을 했다는 느낌
- **죄책감** 저지른 잘못에 대하여 자책하는 마음
- **질투** 다른 사람의 성취나 소유물을 미워하고 시기하는 감정
- **불안** 마음이 편하지 않고 조마조마한 감정

이와 같은 부정적인 감정이 불편하고 괴롭기만 한 것은 아닙니다. 우리 삶에서 중요한 역할을 합니다. 부정적인 감정의 주요 기능 중 하나는 '환경의 잠재적인 위협이나 위험'을 경고하는 것입니다. 예를 들면 높은 곳에 올라가서 뛰어내리지 않는 것은 잠재적인 위험에 대해 두려움을 느끼기 때문입니다. 두려움은 우리의 안전을 지키기 위한 중요한 신호로 작용합니다.

또 다른 예로 죄책감은 자신의 행동이나 선택이 다른 사람에

게 피해를 주거나 도덕적 기준을 위반했을 때 드는 마음입니다. 이러한 감정은 행동을 바로잡고 다시 생각하게 하는 역할을 합니다. 우리가 사회적으로 수용할 수 있는 행동을 하고 윤리적으로 적합한 선택을 하도록 도와줍니다.

부정적인 감정은 '삶을 변화시켜야 한다'는 신호를 전달하기도 합니다. 예를 들어 매일 책을 1시간씩 읽고 싶은데, 부모가 세워 놓은 계획대로 공부하다 보니 독서할 시간이 10분도 없다는 아이의 불만은 상황을 개선하게 만듭니다.

부정적인 감정은 사회적 관계에서도 중요한 역할을 합니다. 예를 들어 아끼던 장난감이 망가져서 속상해하는 동생에게 하는 위로는 형 자신이 비슷한 상황을 경험해 그 감정에 공감하기 때문에 가능합니다. 이러한 공감 능력은 아이가 친구를 사귀고 소속감을 느끼는 데 도움이 됩니다.

부정적인 감정은 불편할 수 있지만, 살면서 느낄 수 있는 정상적이고 자연스러운 부분입니다. 이러한 감정을 억누르거나 무시하는 것이 아니라, 건강한 방식으로 받아들이고 관리하는 법을 가르쳐 주어야 합니다.

감정은 마치 날씨와 같습니다. 화창한 햇빛이 비추기도 하지만 때로는 흐린 구름이 끼기도 하고, 가끔은 번개가 치고 비가 쏟아지기도 합니다. 마찬가지로 감정도 항상 일정하지 않고 예측할 수 없습니다. 우리는 감정을 힘으로 바꿀 수 없지만, 그에 맞게 대응할 수는 있습니다.

긍정적인 감정이 들 때는 웃으면서 그 순간을 온전히 만끽하고, 부정적인 감정이 들 때는 산책, 심호흡, 친구나 가족과의 대화 등을 통해 대처할 수 있습니다. 마치 비가 오면 우산을 들고, 햇빛이 강하면 선글라스를 착용하는 것처럼 말입니다.

부모가 아이의 감정을 대하는 방식은 아이가 자신의 감정을 다루는 방식에 영향을 줍니다. 자녀의 감정에 적절하게 지원하고 반응해 주세요. 부모가 자녀의 부정적인 감정을 이해하고 공감하면, 자녀는 자신의 감정을 더 편하게 표현하고 받아들일 수 있게 됩니다. 그러면 어려운 상황에 처하거나 스트레스를 받아도 정신적, 감정적으로 빠르게 회복할 수 있게 될 것입니다.

감정을
한 스푼 더하라

"엄마는 나와 말이 통하지 않아요."

여기서 '통하지 않는다'라는 말은 무슨 의미일까요? 언어 문제로 의사소통이 불가능하다는 뜻은 아닐 겁니다. '내 말이 상대에게 전달된 느낌이 없다' 즉 '상대가 내 말에 공감하는 것 같지 않다'는 의미입니다.

부모에게 공감받은 경험이 많은 아이들과 그렇지 않은 아이들은 어떤 차이가 있을까요? 이 주제로 조지아대학에서 진행한 연구가 2006년 〈가족심리학저널〉에 발표되었습니다. 388명의

6~12세 아이를 대상으로 부모의 공감도와 자신의 행동에 대한 인식 조사를 했는데, "부모님은 내 감정을 이해한다", "부모님은 내 문제에 관심이 있다"고 대답한 아이들보다 부모에게 공감받은 경험이 적은 아이들에게서 공격성, 부적응, 과잉행동과 같은 문제가 나타날 가능성이 더 높은 것으로 나타났습니다.

이 연구를 통해 부모의 공감이 아이의 정서와 행동 발달에 긍정적인 영향을 주고, 소통을 통해 아이의 감정을 존중하는 것이 중요하다는 것을 알 수 있습니다.

'공감과 이해'를 바탕으로 한 소통은 모든 관계에서 핵심입니다. 공감이 부족한 소통은 오해를 만들고, 관계에 대한 신뢰를 흔들리게 합니다. 심리학자 대니얼 골먼Daniel Goleman은 공감지능을 강조하며, 공감하지 못하는 태도는 상대에게 관심이 없거나 무시하는 것처럼 보일 수 있다고 말합니다. 오랜 시간 아이가 자신의 생각과 감정에 공감받지 못하면, 불만이 쌓이다가 억울함과 분노가 더해져 결국 관계가 멀어지게 됩니다.

최근 TV에서 육아법 코칭 프로그램에 나오는 아이들을 보면 감정 조절이 어렵거나, 폭력적인 행동을 하거나, 자해를 하는 등 문제 행동을 합니다. 학교나 유치원에서의 단체 생활에 적응하지 못하고 친구들과의 관계에서도 어려움을 겪는데, 이런 아이들의 공통점은 자신의 문제를 털어 놓을 수 있는 '말할 곳이 없

다'는 것입니다. 이런 어려움에 대해 부모님과 이야기를 나누어
봤는지 묻는 질문에 아이들은 "말해봤자 소용없어요", "내 말을
들으려 하지 않아요"라고 대답합니다.

　여기에 나온 부모들은 분명히 아이를 사랑하고 위하는 마음
이 있습니다. 부족하고 잘못된 양육 방식이 공개되더라도, 아이
를 도울 수 있는 방법을 찾기 위해 노력합니다. 하지만 안타깝게
도 아이는 부모가 자신을 사랑하는 마음을 잘 느끼지 못합니다.
바로 '감정'은 없고 메시지만 전달하는 대화를 하고 있기 때문입
니다. 여러분이 다음 유형에 해당되지 않는지 생각해 보세요.

1. 내 할 말만 하는 부모

　'감정'이 빠진 대화는 말하는 사람은 있는데 듣는 사람이 없
는 대화와 같습니다. "요즘 너무 힘들어요"라는 아이의 말에 부
모가 "오늘 숙제는 했니?"와 같이 해야 할 일에 대해 묻는 경우
입니다.

　이런 대화 패턴이 계속되면, 아이는 부모가 나에게 무관심하
다고 느끼게 됩니다. 그리고 서운함이 쌓이면서 '엄마는 내 말을
들으려고 하지 않아'라는 생각이 점점 강해져 부모에게 자신의
감정을 표현하지 않게 됩니다.

감정 한 스푼 더하기

"요즘 많이 힘들구나.(공감) 지금 지오가 쉴 수 있으면 좋겠는데 숙제를 해야 되지?"(해야 할 말 전달)

아이의 감정을 먼저 공감해주면, 그 다음 부모가 전달하려는 메시지가 더 잘 전달됩니다.

2. 걱정이 많은 부모

아이가 걱정이 되는 상황에서 "네가 많이 걱정이 돼"라고 말하는 대신, 그 마음을 '화'로 표현할 때가 있습니다. 아이가 "요즘 학원 다니는 게 너무 힘들어요"라고 말하면, 부모는 아이가 '지나치게 학업 스트레스를 받고 있나?', '쉬는 시간이 너무 없나?', '학원 숙제가 많나?' 등 걱정이 될 수 있습니다. 힘들어하는 모습이 안타깝지만, 부모는 아이가 잘 이겨내길 바라는 마음으로 강하게 말합니다.

"학생이 공부하는 건 당연한 일인데 힘들다고 하면 어떡해!"

대화를 할 때마다 부모에게 이런 말이 돌아오면 아이는 마음을 닫아버리게 됩니다.

엄마: 엄마한테 말할 만큼 힘들구나.(공감) 어떤 부분이 제일 힘든지 말해줄 수 있어?(제안)

아이: 학교에서 오자마자 바로 학원에 가는 것이 힘들어요.(이유)

엄마: 집에서 쉬었다가 학원에 가면 괜찮을 것 같아?(의견 조율)

학원 스케줄을 조율하지 못할 상황이더라도 내 말에 부모가 귀 기울여줬다는 사실에 아이는 위로를 받습니다. 그리고 당장 스케줄을 조절할 수 없더라도 이를 이해하고 받아들일 수 있는 마음의 여유가 생깁니다.

3. 질문을 가장해 비난하는 부모

질문은 아이의 현재 감정과 생각을 알 수 있는 좋은 방법입니다.

"쉬는 시간에 뭐 하고 놀았어?"

"요즘 시후 이야기 잘 안 하네. 무슨 일 있었어?"

이와 같은 질문은 아이가 부모의 사랑과 관심을 느끼게 합니다. 반면 "오늘 우울해요"라는 아이의 말에 "네가 뭐가 우울하니?"라고 되묻는 것은, 관심이라는 옷을 입힌 비난하기입니다. 마음을 표현했는데 비난으로 돌아오면 마음에 상처로 남게 됩니다. 또한 감정 표현에 대한 자신감을 떨어뜨리고, 감정을 숨기게 만듭니다.

감정 한 스푼 더하기

"시후가 요즘 우울하구나.(공감) 어떤 일 때문인지 엄마한테 말해줄래?"(관심)

아이의 감정을 공감할 때는 호들갑스럽거나 과하지 않은 것이 좋습니다. 차분한 목소리로 아이와 시선을 마주하고 아이의 마음을 먼저 느껴야 합니다. 그리고 공감한 감정에 부모의 생각을 말의 형태로 얹는 것입니다.

4. 필요할 때만 소통하는 부모

아이와 많은 시간을 보내려고 노력은 하는데 아이와 관계가 좋지 않은 부모가 있습니다. 평소 아이의 요청은 무시하고 거절하다가 "책 읽어줄게", "숙제 봐줄게"처럼 부모가 필요한 순간만 아이와 소통하는 경우입니다. '엄마는 공부만 중요해' 하며 아이는 이 시간을 자신이 아닌 부모를 위한 시간이라 여기고, 부모는 시간을 내어 함께해주는 노력을 인정받지 못하는 것 같아 서운합니다.

시간과 에너지가 부족하면 선택과 집중을 하게 됩니다. 시간 제약이 있거나 급한 순서대로 일을 처리하다 보면 아이의 요구가 후순위로 밀려나 있을 때가 있습니다. 이러한 상황이 반복되면 아이는 '나는 소중하지 않아'라는 오해를 하게 됩니다.

감정 한 스푼 더하기

아이 : 엄마, 같이 유부초밥 만들고 싶어요.(요청)

엄마 : 엄마랑 같이 저녁을 준비하고 싶구나(공감). 그런데 오늘은 엄마가 피곤해서 간단히 먹으려고 했어.(설명) 다음에 같이 만들어볼까?(제안)

소통은 양방향으로 통하는 것입니다. 한쪽이 주도적으로 이끄는 것이 아니라 서로 이야기하고 이해하는 것이 중요합니다. 특히 부모가 주도적으로 끌고 가는 관계는 아이가 자랄수록 삐걱거립니다. 아이의 의견을 들어줄 수 없을 때에도 엄마와 함께하고 싶은 그 마음은 공감해 주세요.

아무리 좋은 메시지도 감정이 담기지 않으면 그 진심이 전달되기 어렵습니다. 대화를 할 때 아이 마음의 문을 두드려주는 메

신저는 '공감'입니다. 공감이 바탕이 될 때 서로 이해하고 수용할 수 있습니다.

아이와 대화할 때 내 할 말만 하지 않았는지, 걱정하는 마음을 화로 표현하지 않았는지, 질문을 가장해 비난한 적이 없는지, 필요할 때만 소통하지 않았는지 떠올려 보시기 바랍니다.

마음은 눈에 보이지 않아 올바른 방법으로 표현하지 않으면 오해하기 쉽습니다. 오해는 마음의 거리를 멀어지게 합니다. 아이가 사랑을 온전히 느낄 수 있도록 말에 따뜻한 감정 한 스푼을 넣어 전해주세요.

내 아이에 맞는
육아가 정답이다

아이를 잘 키우기 위한 열정이 그 어느 때보다 뜨겁다는 걸 현장에서 실감하고 있습니다. 매주 부모교육 특강을 진행할 때마다 신청자가 1000명이 훌쩍 넘습니다. 실시간으로 소통하다 보면 전문가만큼 많은 정보를 알고 계신 분도 있습니다. 그러나 아는 것이 많아도 여전히 육아는 힘들다고 말합니다. 책에서 본 대로 강의에서 들은 대로 아이에게 적용했는데 변화가 없을 때 당혹스럽고 실망하기도 합니다.

하브루타 수업에서 배운 방법대로 책을 읽고 질문했는데 아이가 오히려 책을 싫어하게 되었다는 사례도 있었고, 감정코칭을 배우고 미러링을 했더니 아이가 "난 엄마가 '그랬구나'라고 말하면 짜증 나!"라고 했다는 사연도 있었습니다.

이 방법들이 왜 내 아이에게는 통하지 않은 것일까요? 그 이유는 바로 책과 강의에서 예시로 든 상황은 현실과 차이가 있기 때문입니다. 내 아이는 사례의 그 아이가 아니고, 상황 속 부모 역시 내가 아닙니다. 아이의 나이가 같고 발단 단계가 비슷하다고 해서 해결책이 모두에게 적용되지는 않습니다.

육아는 각자의 상황과 환경에 따라 솔루션이 달라지는 살아 있는 현장입니다. 따라서 육아에 '정답'은 없습니다. 자녀와 부모의 성격, 가족의 상황, 양육 방식 등 많은 요소가 육아에 영향을 주고, 아이의 연령에 따라 대응하는 방법도 달라집니다.

아이가 우는 상황이라고 가정해 보겠습니다. 영아기 부모라면 아이의 울음에 즉각적으로 반응해 불편함을 해소하고 필요를 충족시켜야 합니다. 유아기 부모라면 울음의 원인을 파악하고, 아이의 감정에 공감하면서 문제 해결을 할 수 있도록 도움을 주어야 합니다. 학동기 부모는 아이가 스스로 감정을 조절할 수 있도록 지지하고, 이야기를 들어주면서 스스로 답을 찾을 수 있도록 도와주어야 합니다. 이처럼 같은 상황이라도 아이의 연령에 따라 필요한 조치와 솔루션이 달라집니다.

발달 단계에 정상과 비정상을 구분하는 기준이 있습니다. 평균은 가장 빠른 것과 느린 것의 중간 지점입니다. 즉, 발달 단계를 일찍 완수하는 아이와 그렇지 않은 아이가 있다는 것을 의미합니다.

아인슈타인은 자서전에서 3살 때 말을 시작했다고 썼습니다. 하지만 그의 어머니는 그가 훨씬 늦은 나이에 말을 시작했다고 전합니다.

부모들은 아이가 언제부터 말문이 트였고, 언제 걷기 시작했는지 관심이 많습니다. 그래서 발달이 조금 느리면 문제가 있는 것은 아닌지 걱정합니다. 그러나 아이가 성인이 되면 12개월에 말을 시작했든 3살에 했든 중요하지 않습니다.

'가이드'는 가이드로만 여겨야 합니다. 그것을 100% 내 아이에게 맞추려고 하는 순간, 아이와 부모 모두 힘들어집니다. 육아에 원칙과 가이드라인은 있지만 '정답'은 없는 셈입니다. 육아에 정답이 없는 이유는 무엇일까요?

1. 모든 아이는 독특한 성격과 개성을 가지고 있다.

심리학자 피아제Jean Piaget의 인지발달이론을 통해 모든 아이에게 육아 솔루션이 동일한 결과를 가져올 수 없는 이유를 이해할 수 있습니다. 이 이론은 아동의 지적, 인지적, 감성적 발달이 연령에 따라 어떻게 변화하는지 설명하며, 태어나면서부터 지속적으로 발전한다는 것을 알려줍니다.

아이의 발달은 유전적인 영향도 있지만, 성격과 개성이 유전적 요소로만 결정되는 것은 아닙니다. 아이가 성장하고 발달하면서 경험하는 환경적 요소와 상호작용을 통해 결정됩니다. 부모의 양육 방식, 가족 및 친구와의 상호작용, 교육 환경 등이 영향을 미치는 중요한 변수입니다.

2. 육아 방법은 아이의 성장과 발달에 맞게 달라져야 한다.

서울대병원 소아정신과 김붕년 교수는 아이의 뇌가 발달하는 과정을 '선택과 집중'이라고 표현합니다. 많이 쓰는 시냅스는 남기고 불필요한 부분은 제거하는 방식으로 자신이 처한 환경에 필요한 것을 선택하고 집중해 성장의 효율을 높입니다.

0~3세까지는 생존에 도움 되는 것을 우선순위로 두고 필요 없는 것들은 시냅스의 가지치기를 합니다. 그래서 이 시기에는 전두엽을 제외한 생존에 영향을 주는 대뇌의 나머지 세 영역(두정엽, 측두엽, 후두엽)이 발달합니다. 아이의 발달은 단계적으로 진행되므로, 각 단계에 맞는 교육과 훈련을 제공해야 합니다. 아이는 성장하면서 계속 변화합니다. 따라서 육아 방법도 아이의 성장과 발달에 맞게 조절되어야 합니다.

3. 문화적 배경이 육아 방법에 영향을 준다.

각 문화마다 고유한 육아 방식을 가지고 있습니다. 서양 문화권에서는 독립성과 개인주의가 강조되는 경향이 있습니다. 반면에 동양 문화권에서는 공동체와 인내심을 중시하는 특징이 있습니다. 이러한 문화적 특성은 부모가 자녀를 어떻게 돌봐야 하는지에 대한 기준에 영향을 주고, 결과적으로 자녀의 발달과 행동에 영향을 줍니다.

현대 사회에서는 부모에게 물려받은 동양 문화의 가치관과 미디어를 통해 학습된 서양 문화의 가치관이 혼합되어 있으므로, 개인의 문화적 가치관을 확립해야 합니다.

육아와 관련된 수많은 연구가 있습니다. 이러한 연구들은 육아 방법의 효과를 조사하거나, 특정 육아 방법이 아이의 발달에 미치는 영향 등을 살펴봅니다. 연구 결과를 참고할 수는 있으나, 현실에서 육아는 부모와 아이의 상호작용에 기반을 두고 있기 때문에 문제가 생겼을 때 그대로 적용하기에는 한계가 있습니다.

내 아이를 잘 이해할 수 있는 것은 부모입니다. 과학적으로 증명된 방법만 옳다고 따르는 것이 아닌 상황과 아이의 성향 등을 고려하여 맞춤형 육아를 해야 합니다.

육아는 성공과 실패가 공존할 수밖에 없습니다. 실패는 우리가 성장하고 더 나은 부모로 거듭나는 과정의 일부입니다. 실패를 두려워하지 않고, 경험을 소중히 여길 수 있을 때 아이와 함께 성장해 나갈 수 있을 것입니다.

아이에게 미안한
마음을 갖지 마라

'Mom Guilt'라는 단어를 들어보셨나요? 영미권 엄마들이 아이에게 느끼는 부담감과 죄책감을 표현하는 단어입니다. 우리나라도 나이가 많아서, 건강하지 못해서, 충분히 풍요롭게 해주지 못해서 아이에게 미안함을 느끼는 엄마들이 많은데 외국도 우리와 크게 다르지 않다는 것을 시사합니다.

엄마들은 언제 아이에게 미안함을 느낄까요?

1. 아이가 신체적 또는 정서적 고통을 겪을 때

엄마는 아이가 아프거나 다치고, 정서적으로 힘들어할 때 그 문제의 원인을 자신에게로 돌립니다. 엄마인 내가 조금 더 잘 돌봤으면 아이가 아프지 않을 거라 여깁니다. 아이가 선천성 질환을 가지고 태어나도 그 원인이 자신 때문이라고 생각합니다.

2. 아이가 뒤처지거나 좌절할 때

아이는 자라면서 다양한 도전을 하게 됩니다. 한글 떼기, 젓가락 사용하기, 줄넘기, 구구단 외우기 등 시기마다 아이들이 집중적으로 연습해야 하는 과제가 있습니다. 친구들만큼 빨리 배우지 못해 아이가 의기소침하면 엄마는 이것을 미리 준비시키지 못한 자신의 탓이라고 생각합니다.

3. 아이가 친구관계에 어려움을 겪을 때

아이가 친구들과 문제가 생기면, 그 감정에 지나치게 공감하는 경우가 있습니다. '얼마나 속상했을까?', '얼마나 아팠을까?' 상상하며 그 문제를 직접 해결해주지 못하는 것이 안타깝고 미안합니다.

4. 자녀가 불행이나 불만을 표현할 때

"저도 여행 가고 싶어요", "저도 침대 갖고 싶어요"처럼 아이가 친구와 비교하면서 아쉬움을 표현할 때 미안함을 느낍니다. 다른 부모들만큼 충분히 해주지 못해서 아이가 불행한 것은 아닌지 걱정하고 부족한 자신을 탓합니다.

최선을 다하면서도 엄마들은 아이를 키우면서 다양한 이유로 미안한 감정을 자주 느낍니다.

아이가 경기도 집에서 서울에 있는 초등학교까지 등교를 할 때의 일입니다. 한여름 비가 많이 오던 날이었는데, 회사에서 일하는 중에 담임선생님께 전화가 왔습니다. 아직 아이가 학교에 오지 않았다는 것입니다. 아이가 1교시가 끝날 때까지 학교에 오지 않았다는 말에 깜짝 놀랐습니다. 상황을 알아보니 비가 너무 많이 와서 도로가 통제되는 바람에 스쿨버스 안에서 1시간 넘게 있었던 것이었습니다. 이 이야기를 듣고 제일 먼저 '아이에게 미안하다'는 생각이 들었습니다.

'집이 서울이었다면 아이가 이 고생을 하지 않아도 되었을 거야.'

'내가 일을 하지 않았다면 아이를 직접 데려다 줄 수 있었을 텐데…….'

버스 안에서 멀미 때문에 창백하게 질려 앉아 있을 아이를 생각하니 마음이 아팠습니다. 미안한 마음에 퇴근하자마자 아이에게 물었습니다.

"오늘 학교 갈 때 버스 오래 타서 많이 힘들었지?"

"괜찮았어요."

"힘들지 않았어?"

"아니요. 엄마, 우리 오늘 버스에서 얼마나 신났는지 알아요?"

"신났어?"

"네! 누군가가 '1교시 끝났다!' 하고 외쳤거든요. 그랬더니 어땠는지 알아요?"

"어땠는데?"

"우리가 다 같이 '와아~' 하고 환호성을 질렀어요. 정말 축제 같았어요!"

그 대답을 듣고, 아이에게 미안하고 안쓰러움이 들었던 감정은 제 생각에서 비롯되었다는 것을 깨달았습니다.

직장에 다니느라 시간이 없어서, 전업주부라 경제적으로 여유가 없어서, 많이 공부하지 못해 아이를 잘 가르치지 못해서, 못생기고 뚱뚱한 엄마를 아이가 부끄러워할 것 같아서, 나이가 많아 체력이 부족해 몸으로 놀아주지 못해서, 요리를 못해 아이에게 맛있는 음식을 해주지 못해서 등 다양한 이유로 엄마는 아이에게 미안합니다. 하지만 아이가 지금 이런 부분이 부족하다고 느낄 것 같다는 것은 내 생각과 감정일 뿐입니다. 정작 아이는 전혀 그렇게 생각하지 않을 수 있습니다.

어른이 된다는 것은 동화 속 주인공처럼 내가 원하는 대로 세상을 살 수 없다는 사실을 알게 되는 것입니다. 원하는 것을 모두 가질 수 없고, 모든 어려움을 피해 갈 수 없으며, 하고 싶다고 다 할 수 없다는 것을 깨달아가는 과정입니다. 아이에게 늘 좋은 일만 생기고 행복하게 살기 바라는 것이 부모의 마음이지만, 때로는 어려움을 겪고 다른 사람들과 함께 문제를 해결하며 성장해야 하는 것이 인생입니다.

〈요즘 육아 금쪽같은 내 새끼〉 프로그램에서 속마음을 듣는 시간에 "엄마가 나 때문에 힘들어 보여서 미안해요"라고 하는 아이의 모습을 보면서 부모님들은 눈물을 흘립니다.

아이는 부모가 힘들어하고 미안해하는 모습을 보면서 부모의 사랑을 느끼기도 하지만, 동시에 큰 죄책감을 느끼기도 합니다. 아이들은 아직 미성숙해서 부모가 힘들어하는 원인이 모두 자신에게 있다고 생각하기 때문입니다. 아이가 불필요한 자책감에 빠지지 않도록, 부모가 아이에게 줄 수 없는 것을 생각하며 힘들어하기보다 아이에게 줄 수 있는 것에 집중해야 합니다.

한번은 제가 집에서 컴퓨터로 일하는 모습을 보더니 두 아이의 눈이 동그래졌습니다. 아이들은 상기된 표정과 얼굴로 "엄마, 멋있어요"라고 말했습니다. 집에서 입는 목이 다 늘어난 티셔츠에 누렇게 뜬 얼굴로 키보드를 두드리고 있었는데 어떤 점을 칭찬하는지 의아했습니다.

"엄마의 어떤 점이 멋있어?"

"엄마가 키보드를 막 다다다다다다 빨리 치는 게 멋있어요. 엄마 엄청 멋있다."

20년 넘게 워킹맘으로 살았지만, 아이들이 보는 앞에서 일을 한 경우는 거의 없었습니다. 퇴근 시간이 늦어지더라도 일은 가능하면 회사에서 끝냈습니다. 그래서 아이들이 일하는 엄마의 모습이 새로워 보였던 것 같습니다. 이날 이후 아이들이 전원이 꺼진 컴퓨터의 키보드를 두드리는 모습을 몇 번 목격했습니다. 그리고 엄마처럼 멋지게 키보드를 치기 위해 연습을 시작하더니 지금은 제법 능숙하게 칠 수 있게 되었습니다.

아이는 부모가 보여주는 모습뿐만 아니라 감추고 싶은 모습도 보고 있습니다. 워싱턴주립대학교 연구팀은 7~11세 사이의 자녀를 둔 107명의 부모를 대상으로 한 실험에서 부모가 감추려고 해도 자녀들이 부모의 스트레스를 알아차린다는 결과를 〈가족심리학저널〉에 발표하였습니다.

아무리 밝은 척해도 자존감 낮은 엄마의 태도를 아이는 눈치 챕니다. 엄마의 행동이 어쩔 수 없어 하는 행동인지 기꺼운 마음으로 하는 행동인지 아이는 느끼고 있습니다.

같은 상황이라도 어떤 관점으로 보느냐에 따라 상황은 다르게 해석할 수 있습니다. 워킹맘이라 시간이 없어 미안해할 것인가, 멋지게 일하는 모습을 보여줄 것인가? 전업주부라서 경제적으로 넉넉하지 않음을 미안해할 것인가, 아이와 충분한 시간을 보낼 수 있음에 감사할 것인가? 내가 많이 배우지 못해서 아이를 잘 가르치지 못한다고 교육을 포기할 것인가, 아니면 지금부터 공부하고 아이와 함께 성장할 것인가? 모든 것은 선택이고, 이 선택은 내 삶의 태도가 됩니다.

'동조 효과'라고도 하는 '거울 효과'는 무의식적으로 타인을 거울에 비춘 것처럼 똑같이 따라 하는 것을 말합니다. 가까운 사이일수록 더 영향을 많이 주고받는데, 아이가 부모의 행동을 그대로 따라 하는 것도 이 거울 효과 때문입니다.

부모가 현실에 순응하는지 더 나은 삶으로 발전시키려 노력하는지, 부정적인 면을 먼저 보고 생각하는지 긍정적인 면을 찾으려 하는지 아이는 모든 것을 지켜보고 있습니다. 아이는 부모의 일상을 통해 자신이 어떤 태도로 인생을 바라봐야 하는지 배우고 결정합니다. 현실을 직시하고 발전하는 모습을 보여주면서, 아이에게 꾸준한 성장과 긍정적인 태도의 중요성을 알려주세요.

3장

아이를 격려하고
이끌어주는 대화법

아이의 감정을
인정하라

"어떻게 하면 아이가 화내지 않게 할 수 있을까요?"

부모 강연을 마치고 이런 질문을 받으면 마음속으로 심호흡을 먼저 하게 됩니다. 화내는 아이가 잘못되었다고 생각하는 부모에게 "아이가 화를 내도 된다"고 말하면 백이면 백 '정말 그렇게 생각하세요?'라는 눈빛으로 저를 응시합니다.

감정은 영어로 emotion입니다. 어원을 보면 emotion은 일종의 운동motion인데 밖으로e- 향하는 운동을 의미합니다. 감정은 밖으로 드러나는 것이 정상이라는 말입니다. 이처럼 아이가 느끼는 불안, 공포, 분노와 같은 감정이 밖으로 드러나는 일은 자연스러운 것입니다. 표출되는 것이 자연스러운 감정을 드러나지 않게 해달라는 부모에게 '아이도 화를 낼 수 있습니다'라는 말할 수밖에 없는 이유입니다.

내 상태를 알아야 적절하게 대응할 수 있습니다. '감정'은 현재 상태를 자신에게 알립니다. 불안하면 움츠리게 되고, 화가 많이 나면 몸이 부들부들 떨립니다. 반면 '표정'은 자신의 상태를 타인에게 알리기 위한 방법입니다. 그래서 기분이 나쁠 때 불쾌한 표정을 짓고, 행복할 때 웃습니다. 사회적 동물인 사람은 자신의 상태를 다른 사람이 알아주길 바라기 때문입니다.

하지만 자신이 느끼는 감정과 다른 표정을 지어야 될 때도 있습니다. 백화점 판매 직원이 환불 기간이 지난 상품을 들고 와서 환불해달라고 우기는 손님을 상대할 때 속으로 짜증이 많이 날 것입니다. 하지만 손님을 응대하는 입장이기 때문에 겉으로는 웃을 수밖에 없습니다.

우리는 감정과 다른 행동을 억지로 해야 하는 것을 '감정 노동'이라고 하며, 자신의 기분과 상관없이 표정을 관리해야 하는 근로자들을 '감정 노동자'라고 합니다. 화가 나서 씩씩거리는 아이에게 "표정 똑바로 해!"라고 하는 것은 아이에게 감정 노동을 강요하는 것과 같습니다. 누구나 '화'를 느낄 수 있으며, 아이가 이 감정을 느끼지 못하면 오히려 그것이 문제입니다.

사고로 감정을 느끼는 부위를 다친 사람들의 사례가 학계에 보고되어 있습니다. 순수한 정서적 조절 능력과 관련 있는 복부 전두엽 피질ventromedial prefrontal cortex이 손상된 이 사례들은 감정의 역할에 대해 생각해보게 합니다. 그들은 단지 정서 조절 능력이 손상되었을 뿐인데도 개인적, 사회적 결정을 내리는 데 어려움을 겪었습니다.

정서 조절 능력은 감정을 통제하고, 이성적 판단과 결정을 내리는 역할도 합니다. 그래서 이 부위에 손상을 입은 사람들은 감정을 느끼지 못한다는 것을 제외하면 뇌 기능에 문제가 없었지만 사회생활이 불가능했습니다. 결정을 내려야 하는 순간, 어떤 결정도 내리지 못했기 때문입니다. 점심 식사 메뉴 같은 작은 결정부터 회사에서 안건을 검토하여 승인해야 하는 중대한 결정까지 그 어떠한 결정도 내리지 못했습니다. 또한 실수를 계기로 배우지 못하고, 잘못된 결과가 나왔던 방법을 반복적으로 선택하는 모습을 보였습니다.

이처럼 감정은 단순히 나의 상태를 전달하는 수단을 넘어 내가 원하는 것과 싫어하는 것을 구분해 의사를 결정하는 데 영향을 줍니다.

아이가 느끼는 감정 중 불필요한 것은 없습니다. 행복, 즐거움, 기쁨, 감사처럼 긍정적인 감정만 필요한 것이 아닙니다. 분노, 좌절, 절망, 공포, 두려움, 우울함, 죄책감과 같은 부정적인 감정도 아이에게 필요합니다. 아이가 표현하는 감정은 무엇이든 그대로 인정하고 수용해 주어야 합니다.

다른 사람이 내 감정을 이해하고 공감해주면 마치 그 감정이 해소된 듯한 느낌이 듭니다. 속상한 일이 있었지만 이야기를 잘 들어주는 친구와 대화한 후 '이제 속이 후련해졌어'라고 느끼는 것처럼 말입니다.

마찬가지로 자신의 감정을 스스로 인식하고 인지해도 그 크기가 작아집니다. 거울 속 자신을 보고 "오늘 참 힘들었네. 애썼어. 수고했어"라고 말해줘도 다른 사람의 위로를 듣는 것처럼 위안이 됩니다.

하지만 감정은 예민해서 정확하게 그 감정을 알아주지 않으면 해소되기 어렵습니다. 똑똑한 머리와 자폐 스펙트럼을 동시에 가진 신입 변호사의 대형 로펌 생존기를 그린 드라마 〈이상한 변호사 우영우〉 마지막 회에서 우영우가 자신의 기분이 어떤지 생각하는 장면이 나옵니다. 즐거움, 기쁨, 행복함, 신남, 짜릿함 등의 낱말 카드를 골똘히 바라보지만 지금 기분과 딱 맞지 않다고 생각합니다. 그러다 불현듯 떠오른 감정 단어가 '뿌듯함'이었습니다. 자신의 지금 감정과 딱 맞는 단어를 생각해낸 그녀의 환한 표정이 인상 깊었습니다.

이처럼 긍정적인 감정 단어들은 비슷한 것 같아도 다릅니다. 부정적인 감정도 마찬가지입니다. 슬픔, 화남, 짜증, 창피함, 부끄러움, 우울, 슬픔 등 비슷한 듯하지만 다양한 감정이 포함되어 있습니다.

아이의 감정을 알아주는 가장 좋은 방법은 아이의 표현을 그대로 사용하는 것입니다. "기분이 나빠요"라는 말에는 "기분이 나쁘구나", "짜증 나요"라는 말에는 "짜증이 나는구나"라고 아이의 감정 단어를 그대로 사용해서 공감해 줍니다. "짜증 나요"라는 아이의 말에 "화가 나는구나"라고 엄마의 생각을 섞어서 말하면 아이는 공감받는다고 느끼지 못합니다.

그런데 일상에서 부모가 아이의 감정을 공감하기 어려운 상황도 생깁니다.

"동생이 없어졌으면 좋겠어요."

"그 친구가 정말 싫어요."

이런 말을 아이에게 들으면 부모는 걱정이 앞섭니다. 누군가 이 말을 듣고 아이를 나쁘게 볼까봐 걱정도 됩니다.

"그런 말 하면 나쁜 아이야. 동생은 아껴줘야 해."

"친구를 미워하면 안 돼."

부모는 아이를 옳은 방향으로 지도했다고 생각하지만, 이런 말을 들으면 아이는 부모에게 자신이 부정당한 느낌을 받습니다. 부모에게 생각과 감정을 인정받지 못하고 거부당한 경험은 아이의 자존감을 떨어뜨리고 자신감을 낮아지게 합니다. 또한 나쁜 감정을 가진 자신을 나쁜 아이라고 생각하게 됩니다. 나아가 부정적인 감정을 느끼면 안 되는 나쁜 감정이라고 여기게 되고, 이런 감정이 들 때마다 자신이 잘못하고 있다고 생각하게 될 수 있습니다.

이럴 때는 아이를 어떻게 지도하면 될까요? 올바르게 가르쳐야겠다는 생각은 잠시 접어두고 아이의 마음을 먼저 살펴봐야 합니다. 아이가 하는 말 속에 숨겨져 있는 진짜 감정이 무엇일지 생각해보는 것입니다. 그리고 진짜 속마음을 아이의 언어로 공감해주면 됩니다.

"동생이 없어졌으면 좋겠다는 생각이 들 만큼 속상하구나."
"친구가 정말 싫다고 말할 만큼 힘든 일이 있었구나."

부모에게 부정적인 감정도 공감받은 경험이 있는 아이는 부정적인 감정을 느끼더라도 괜찮다는 것을 알게 되고, 그 감정을 건강하게 다루는 방법을 배울 수 있게 됩니다.

아이의 자존감을 높이는 첫걸음은 아이의 감정을 공감하고 인정해주는 것입니다. 모든 감정은 의미가 있고, 세상에 공감하지 못할 감정은 없다는 것을 기억하시길 바랍니다.

아이의 행동에는
이유가 있다

얼마 전 딸아이가 간식으로 준 바나나를 잼 나이프로 잘게 자르고 있는 것을 보았습니다. '먹기 싫어서 장난을 치고 있구나'라는 생각이 들었습니다. 음식으로 장난을 치면 안 된다고 말하려다 아이에게 지금 무엇을 하는 건지 물었습니다.

"이가 아파서 바나나를 깨물 수가 없어요. 그래서 작게 자르고 있는 중이에요"라고 아이가 답했습니다. '칭찬해 주세요'라는 눈빛으로 저를 향해 웃는 아이를 보면서 제 짐작대로 말하지 않기를 잘했다는 생각이 들었습니다. 아이의 앞니 2개가 많이 흔들린다는 것을 알고 있었지만, 바나나 정도는 깨물어 먹을 수 있을 줄 알았는데 그렇지 않았던 것입니다.

'아이의 행동에는 그럴 만한 이유가 있다'라는 주제로 부모교육 강연을 한 적이 있습니다. 평소 아이의 이해할 수 없는 행동을 혼내기만 했는데, 처음으로 이유를 물었더니 생각하지 못한 대답이 돌아왔다는 후기를 여럿 접했습니다.

아이가 욕실에서 자꾸 비누를 손톱으로 파내서 하지 못하게 해도 말을 듣지 않아 힘들어하던 엄마가 있었습니다. 아이에게 이유를 물었더니 유치원에서 모래놀이를 하고 나면 손톱 밑이 검어지는데 손톱을 하얗게 만들기 위해 그렇게 했다는 것입니다. 이 말을 듣고 아이에게 미안함을 느꼈다고 했습니다.

또 다른 사례는 밥을 우유에 말아 먹는 식습관을 가진 아이였습니다. 다른 반찬과 골고루 먹으라고 해도 말을 듣지 않아 속상했다고 합니다. 아이에게 이유를 물으니 배고플 때 우유를 마시고 싶은데, 우유를 먹겠다고 하면 늘 엄마가 밥을 먼저 먹으라고 했기 때문이었습니다.

우리는 어떠한 상황을 볼 때 경험을 바탕으로 눈에 보이지 않는 것까지 생각하고 종합해서 결론을 내립니다. 아이가 바나나를 잘게 자르는 것을 보고 '장난친다'는 생각이 든 것은 '아이가 음식을 잘게 자르는 행동 = 장난'이라는 제 고정관념 때문이었습니다. '비누를 손톱으로 긁는다＝장난', '우유에 밥을 말아 먹는다＝특이함'이라는 것도 엄마가 가진 고정관념입니다.

아직 어려서 성숙하지 못한 사고를 할 것이라는 부모의 생각이 아이의 행동을 이상해 보이게 만드는 것입니다. 이상해 보이더라도 질문해보면 아이를 이해할 수 있게 됩니다. 아이 나름의 목적과 이유가 있는 것입니다.

인정과 존중은 아이가 그렇게 행동한 이유를 궁금해하고 묻는 것에서 시작됩니다. 이유를 설명하고 행동을 이해받아본 경험을 통해 아이는 존중을 배웁니다. 아이가 부모에게 편안함과 안정감을 느끼고 지지를 받으면, 스트레스를 받는 상황에서도 빠르게 평정심을 찾을 수 있습니다.

아동심리학에서 부모와 자녀 관계를 연구한 결과에 따르면, 다음과 같은 경우에 아이가 부모에게 존중받는다고 느낍니다.

1. 자유로운 의사 표현이 가능한 환경

의사 표현은 언어뿐만 아니라 비언어적으로도 이루어집니다. 말이나 글과 같은 언어적 표현뿐만 아니라 얼굴 표정이나 몸짓 등의 비언어적 신호도 중요합니다. 아이가 기분이 좋지 않아 크레파스로 거칠게 색칠하거나, 악을 쓰듯 노래를 부르는 것은 아이가 솔직하게 자신의 기분을 표현하는 방법일 수 있습니다.

이런 상황에서 부모가 "왜 그러는 거야. 뭐가 문제야?" 하면서 화를 내거나, 아이의 "아빠, 왜 게임을 정해진 시간에만 해야 되나요?"라는 질문에 "뭘 그렇게 당연한 것을 물어보는 거야!"와 같이 무시하는 말을 하는 것은 아이가 존중받지 못한다고 느끼게 합니다.

2. 안정적인 관계

부모의 기분에 따라 아이를 대하는 태도가 변하면 아이는 부모의 기분을 민감하게 살피게 됩니다. 부모는 아이의 행동에 꾹꾹 참다가 더 이상 참지 못하는 순간 화를 냈어도 아이는 똑같은 상황에서 화를 냈다가 내지 않기도 하는 부모의 모습을 보면 혼란스럽습니다. 또 부모가 당연히 훈육을 해야 되는 상황에서 훈육을 하는데, 과거 비슷한 상황에서 넘어갔다면 아이는 잔소리 또는 화풀이로 받아들일 수 있습니다.

이처럼 기준 없이 예측하기 어려운 상황이 자주 발생할수록 아이는 부모와의 관계에서 편안함을 느끼지 못하고 불안해합니다. 반대로 부모가 일관되고 예측 가능한 감정과 행동을 보일 때 안정감을 느낍니다.

3. 믿음과 신뢰

부모가 "그럴 만하니 그렇게 했겠지" 하면서 믿어줄 때 아이는 그 마음을 느낄 수 있습니다. 예를 들어 하교 후 방문을 세게 닫고 들어가는 아이에게 똑같이 화를 내는 대신 부모가 "기분이 좋지 않은 것 같아. 무슨 일 있어?"라는 질문을 하여 아이의 감정을 존중할 수 있습니다. 이유를 듣고 난 후에 기분이 나빠도 방문을 세게 닫는 행동이 잘못되었다는 것을 알려주면 됩니다.

진정한 신뢰란, 아이가 어떠한 일의 결과를 책임질 수 있다는 것을 믿는 것입니다. 아이가 학교에서 혼날까봐 부모가 숙제를 도와주는 일은 아이가 결과를 책임질 수 없게 하는 것입니다. 좋은 결과뿐만 아니라 나쁜 결과도 책임질 수 있다는 것을 믿어주면, 아이는 독립적이고 책임감 있는 사람으로 성장할 수 있습니다.

4. 관심과 애정

부모가 아이에게 관심을 가지고 애정을 표현하면 아이는 존중받는다고 느낍니다. 관심과 호기심은 다릅니다. 관심은 아이에게 초점을 맞춘 것이고, 호기심은 부모 자신의 궁금증을 해소하기 위한 것입니다.

지인이 나의 이사 소식을 듣고 관심을 갖고 "이사한 거 축하해. 이사하니까 기분이 어때?"라고 물으면 기꺼운 마음으로 대답하게 됩니다. 하지만 "이번에 이사한 집은 몇 평이야? 요즘 시세는 어때?"와 같이 상대의 호기심을 해결하기 위한 질문은 선뜻 답하고 싶지 않을 것입니다.

아이도 마찬가지입니다. "오늘 시험 보느라 힘들었지. 오늘 시험은 어땠어? 어렵지 않았어?"가 아닌 "오늘 시험 몇 점 받았어? 100점은 반에 몇 명이야?"라는 질문은 아이를 불편하게 합니다.

아이가 노력하여 발전한 부분이 있다면 긍정적인 피드백을 해주세요. 작은 성장과 발전이라도 격려하는 말은 아이가 부모로부터 존중받는다는 느낌을 줍니다. 부모가 아이의 노력과 성취를 인정하고 칭찬하는 것은 성장을 관심 있게 지켜보고 있다는 것을 의미하기 때문입니다.

말이나 글로는 알려줄 수 없는 것들이 있습니다. 사람을 존중받고 존중하는 태도가 그중 하나입니다. 부모에게 존중받은 경험은 아이가 다른 사람을 존중하게 합니다. 그리고 자신도 존중받아 마땅한 사람이라고 여깁니다. 부모와의 관계에서 보고, 느끼고, 경험한 방식대로 아이는 자신의 인간관계를 만들어 갈 것입니다. 아이가 어디서든 존중받길 원한다면, 부모가 아이를 먼저 존중해 주세요.

자존감이 높은 아이를 키운
부모들의 공통점

"엄마, 이거 어떻게 해요?"

10살 민준이는 하고 싶은 것이 있으면 일단 엄마부터 부릅니다. 문제집을 풀 때도, 쿠키를 만들면서도 수시로 엄마에게 잘하고 있는지 확인을 받아야 안심합니다. 엄마가 "혼자 할 수 있어", "민준이는 잘할 수 있어"라고 격려하면 "네"라고 대답은 하지만 잠시뿐입니다. 얼마 후 엄마에게 와서 다시 "엄마, 모르겠어요"라고 말합니다.

아이의 '자신감'을 길러주는 방법은 무엇일까요? 아이가 성취를 이루는 바로 그 순간을 칭찬하는 것입니다. 지난번에 줄넘기 10개를 했는데 이번에 12개를 했다면 성장을 그 즉시 칭찬하는 것입니다. 수학 점수가 지난번에 60점이었는데 이번에는 70점이라면 시험 점수를 보자마자 바로 칭찬하는 것이 효과적입니다.

줄넘기 20개 넘는 것이 목표였는데 12개밖에 하지 못해 실패라고 생각하는 아이에게 "지난번보다 2개 더 넘었네. 실력이 늘고 있어"라고 칭찬하면 아이는 결과뿐 아니라 성장의 과정도 의미 있게 받아들일 수 있게 됩니다.

아이가 친구들은 시험에서 90점을 넘었는데 자신만 70점이라고 우울해한다면 "네 실력이 좋아지는 것이 중요해. 지난번보다 10점이나 올랐네. 잘하고 있어"라고 칭찬하는 것입니다.

하지만 현실적으로 아이가 성장하는 순간마다 부모가 함께할 수는 없습니다. 이때는 일상에서 작은 미션을 주어서 그것을 달성할 때마다 칭찬해 주거나, 함께 놀이를 하면서 성장을 응원해주는 것이 좋습니다.

식사 후 자신의 밥그릇을 싱크대에 가져다 놓는 일, 갈아입은 옷을 빨래통에 넣은 일, 외출 후 신발을 정리하는 일 등을 하면 칭찬하는 것입니다.

"네가 한 일 덕분에 엄마의 일이 쉬워졌어. 고마워."

보드게임에서 두 주사위의 숫자를 더할 때 손가락에 발가락까지 동원해서 계산하던 아이가 짧은 시간에 손가락만으로 계산했다면 즉시 칭찬을 해주면 됩니다. 블록놀이를 할 때도 아이가 지난번보다 더 높게 블록을 쌓았다면 쌓기 실력이 좋아진 점을 칭찬합니다.

성장한 순간에 칭찬을 받은 아이는 '성장'의 중요성을 알게 됩니다. 다른 사람들과 경쟁하거나 비교하는 것이 아니라, 지난날의 나보다 더 나은 나로 성장했음을 알려주세요. 1~2년 전에 사용한 노트나 그림을 보여주는 것도 좋은 방법입니다.

"8살 때는 글자가 삐뚤빼뚤했는데 지금은 또박또박 잘 쓰네."
"유치원 다닐 때보다 그림 실력이 늘어서 더 생생해 보인다."

아이의 자신감이 커지면 과제가 주어졌을 때 '해볼까?'라는 긍정적인 생각을 하게 됩니다. 이때 새로운 도전은 단계별로 할 수 있게 하는 것이 좋습니다.

처음에는 가족의 나들이 장소와 외식 메뉴를 정하게 합니다. 그 다음은 나들이의 출발시간과 귀가시간까지 아이가 정하게 해보는 식입니다. 가족과 함께하는 행사를 아이가 주관하는 경험은 새로운 도전의 즐거움과 성취감을 느끼게 할 수 있습니다.

가족회의를 통해 가족의 규칙을 정하는 것도 아이의 자신감을 높이는 좋은 방법입니다. 가족회의를 하면서 아이는 자신의 의견을 조리 있게 말하는 방법, 다른 사람의 말을 듣는 방법, 의견을 조율하는 방법 등을 경험합니다. 이를 통해 의견이 거절당하는 것은 누구나 겪을 수 있는 일이며, 더 나은 결과를 내기 위한 과정임을 배우게 됩니다. 또한 부모님이 자신의 말을 진지하게 들어주는 경험과 자신의 의견이 채택되어 가족의 규칙으로 결정되는 경험은 아이가 자신을 가치 있는 사람으로 여기게 합니다.

자신감과 자존감은 밀접하게 관련되어 있는 개념이지만 의미에는 차이가 있습니다. '자신감'은 이 일을 잘 해낼 수 있다는 믿음입니다. 이 믿음은 다른 사람들과의 관계에서 형성됩니다. '자존감'은 자아존중감을 줄인 말로 자신을 존중하고 가치 있는 존재로 여기는 마음입니다. 이는 다른 사람과 비교하는 개념이 아닌 오롯이 나 자신에 대한 믿음입니다.

자신감은 '결과'로, 자존감은 '성취 과정'에서 높아집니다. 이 두 개념은 서로를 강화시킵니다. 성공을 경험하고 자신의 능력에 대한 자신감을 가지면 자존감이 높아질 수 있습니다. 자신의 강점, 약점, 가치 등을 어떻게 인식하는지가 자신감과 자존감에 영향을 줍니다.

이번에는 '자존감'을 키워주는 방법에 대해 알아보겠습니다. 발달심리학자 에릭슨 Erik Erikson의 심리사회적 발달이론과 다이애나 바움린드 Diana Baumrind의 양육유형이론에서는 '아이의 자존감은 전반적인 발달과 웰빙에 중요한 부분을 차지한다'고 말합니다.

건강한 자존감을 키우는 방법은 아이의 성취뿐만 아니라 '노력과 끈기'를 응원하는 것입니다. 시험 공부를 하는 아이에게 결과와 상관없이 아이의 노력을 칭찬하는 것입니다.

"오늘 계획한 부분까지 다하려고 하는구나!"
"넌 마음먹은 건 결국 해내더라. 엄마는 네 이런 모습이 정말 멋있어."

성취감 없이 노력만 할 수 있는 사람은 없습니다. 이와 같은 칭찬은 아이에게 노력이 가치 있고 의미 있다는 것을 알려줄 수 있습니다.

아이의 연령에 맞는 '성공의 기회를 제공'하는 것도 좋은 방법입니다. 부모는 아이가 도전에 성공할 수 있도록 지도하지만 직접적으로 도와주지는 말아야 합니다.

사람 모양 쿠키를 만들 때 "팔, 다리 이음 부분은 꼭꼭 눌러야 쿠키를 구운 후 떨어지지 않아"라고 알려주고 시범을 보입니다. 그런 다음에는 아이가 만든 쿠키의 팔이 떨어질 것처럼 보여도 대신해주지 않습니다. 아이가 실수하고 그 과정에서 스스로 배우고 깨닫게 해야 합니다. 부모의 도움 없이 아이가 해내면 자부심을 갖도록 격려합니다.

'강점에 집중하는 것'도 아이의 건강한 자존감을 길러주는 방법입니다. 아이의 관심사를 파악하고 강점을 키워주세요. 아이가 그림을 잘 그린다면 일정한 크기의 종이에 그림을 그리게 하고 이를 모아서 책으로 만들어 주는 것도 좋은 방법입니다. 제본집에서 만든 책이지만 아이는 자신의 그림이 책이 되었다는 뿌듯함을 느낄 것입니다.

이때 "이야기가 있으면 더 재미있을 것 같아"라고 말하여 관심의 영역을 확장시킬 수도 있습니다. 엄마의 말에서 아이디어를 얻은 아이는 그림책을 만들기 위해 그림에 이야기를 더하기 시작합니다. 아이가 좋아하는 분야에서 재능을 보이면 그 기술과 관심을 계속해서 발전시키도록 응원해 주세요.

가족, 친구 그리고 친척들과의 긍정적인 관계도 아이의 자존감을 높이는 데 중요합니다. 이 관계 안에서 사랑을 주고받으면서 자신이 소중하다고 느끼게 됩니다. '감정을 표현하고 이해하는 방법, 친구와 한 팀으로 협력하는 법, 다른 사람의 의견을 존중하고 이야기하는 방법' 등을 배우고, 다른 사람을 배려하고 친절하게 대하도록 도울 수 있습니다.

'안전하고 사랑받는 환경'에서 자란 아이들은 긍정적인 자아상과 건전한 가치관을 더 쉽게 만들 수 있습니다. 대화하거나 놀이를 하면서 아이의 말에 귀 기울이고 질문하는 것입니다. 아이가 학교에서 어려움을 겪을 때 "학교에서 힘든 일이 있을 때 이야기해줄 수 있어? 네 뒤에는 언제나 엄마, 아빠가 있잖아"라고 말해줄 수 있습니다. 이러한 환경에서 자라면 아이는 자신의 감정을 솔직하게 표현하고, 문제를 공유하며 해결하는 법을 배울 수 있습니다. 이는 건강한 대인관계를 형성하는 데도 도움이 됩니다.

부모가 평소 긍정적인 말을 하고 행동으로 보여주는 것도 아이의 자존감을 길러주는 데 영향을 줍니다. 어려운 상황에 직면했을 때 "이 문제도 어떻게든 해결될 거야. 내가 최선을 다하면 돼!"와 같은 태도를 보이면, 아이는 어려운 상황에서도 적극적으로 대처하는 법을 배울 수 있습니다.

마지막으로, 아이의 건강한 자존감을 위해서는 비교를 하지 않아야 합니다. 다른 아이와의 비교는 자신감을 떨어뜨리고 자신이 부족한 사람이라고 느끼게 만듭니다. 아이만의 특별한 자질과 장점에 집중해 주세요.

"넌 정말 꼼꼼하다! 네가 정리한 건 다시 보지 않아도 되겠어."
"어떻게 이런 생각을 했어? 진짜 창의적이다!"
"오늘도 물고기 밥 주는 거야? 넌 정말 책임감이 강하네."

강점을 칭찬받은 아이는 자신을 더욱 사랑하고 소중히 여기게 될 것입니다.

아이의 자존감을 길러주려면 시간과 노력이 필요합니다. 부모에게는 이미 아이가 자신을 긍정적으로 생각하고 자신감을 갖도록 도울 수 있는 힘이 충분히 있습니다.

'아이의 자존감은 부모의 자존감을 넘지 못한다'라는 말이 있습니다. 부모의 자존감이 아이의 자아 형성에 큰 영향을 준다는 의미입니다. 자존감이 낮은 부모는 아이에게 더 비판적일 수 있는데, 이는 아이의 자신감을 낮아지게 만들고 어려움이 닥쳤을 때 '내가 할 수 있는 일이 없다'고 느끼게 만듭니다.

아이에게 주고 싶은 것을 부모가 자신에게 먼저 주세요. 하루 20분 독서도 좋고, 10분의 운동도 좋습니다. 새로운 도전을 시작하고, 노력한 자신을 칭찬하며, '할 수 있다'는 긍정적인 확언을 하세요. 다른 사람과 비교할 필요 없이 오롯한 '나' 한 사람의 성장을 즐기는 모습을 아이에게 보여주시길 바랍니다.

생각하는 힘을 길러주는
3단계 대화법

한 아들의 이야기가 SNS를 달구었습니다.

"엄마가 시키는 대로 공부를 해서, 엄마가 시키는 대로 전공을 정해 대학에 갔고, 엄마가 시키는 대로 회사를 다니다가, 엄마가 결혼하라는 사람과 결혼을 했는데 나는 왜 이렇게 불행하지요? 엄마가 나의 인생을 망쳤습니다."

평생을 엄마가 하라는 대로 살았지만 결국 불행해졌다는 40대 남자의 이야기입니다. 이 글은 독단적으로 생각하고 결정하는 부모와, 자신의 의사를 표현하지 못하는 수동적인 자식 모두에게 경각심을 줍니다.

'말 잘 듣는 아이'는 착한 아이일까요? 사회적 규범을 잘 지키고, 가정의 규칙을 어기지 않는 아이는 착한 아이로 평가될 수 있습니다. 하지만 모든 일상에서 부모의 말을 따르고 자신의 의견을 표현하지 않는다면 스스로 생각하고 결정하는 능력을 기를 수 없습니다.

중학생 때 만난 제 오랜 친구의 이야기입니다. 처음에는 친구 승희가 유독 부끄러움을 많이 타는 성격인 줄로만 알고, 식당에서 음식을 주문하지 못하는 것을 대수롭지 않게 여겼습니다. 그런데 성인이 되어서도 식당에서 반찬을 더 달라는 하는 것조차 힘들어 친구에게 "이 반찬 좀 더 달라고 하자"고 부탁을 했고, 혼자 밥을 먹을 때는 그 말을 하는 것이 어려워 더 먹고 싶어도 참는다고 했습니다.

승희는 스스로 낯가림 때문이라고 했지만, 새로운 사람들과 금세 친해지고 이야기도 잘 나누는 것을 보면 낯선 사람과의 관계에 어려움을 느끼는 것이 아니라는 생각이 들었습니다. 승희와 이 부분에 대해서 깊게 나누고 난 뒤에 다른 사람에게 무엇인가를 부탁하고 요청하는 일을 어려워한다는 것을 알게 되었습니다.

사회인이 된 후, 승희는 비로소 필요한 것을 요청하는 일을 해낼 수 있었습니다. 그녀가 패스트푸드점에서 콜라 리필에 성공한 것입니다. 콜라를 들고 밝게 웃으면서 돌아오던 승희의 표정은 지금도 눈에 그려지는 듯합니다.

"내가 드디어 해냈어!"

이후로 승희는 어렵지 않게 자신에게 필요한 것을 다른 사람에게 요구할 수 있게 되었습니다. 상담을 진행하다 보면, 승희처럼 다른 사람에게 자신의 의사를 전달하는 것을 어려워하는 아이들을 만날 때가 있습니다.

"엄마가 아빠한테 뽀뽀 그만하라고 말해줘. 수염 때문에 따갑단 말이야."

"아빠가 엄마한테 나 아이스크림 먹게 해달라고 말해주세요."

"엄마가 선생님께 대신 이야기해 주세요."

아이가 엄마에게 말한 것처럼 그 대상자에게도 직접 말할 수 있어야 합니다. 아이가 스스로 의사를 표현할 수 있도록 조금만 도와주면 됩니다. "재은이가 아빠한테 직접 이야기해봐. 그래도 괜찮아"라고 아이에게 작은 용기만 실어주면 됩니다.

누구나 자신의 의견이 있고 선호하는 것이 다른데, 의견을 말하지 못해 친구가 하자는 대로만 하면 어떻게 될까요? 아이의 몸이 자란다고 해서 사회적 언어와 기술을 자연스럽게 습득할 수 있는 것이 아닙니다. 구구단을 외우거나 영어 단어를 암기하는 것처럼 사회적 언어도 배워야 합니다.

아이가 말하기 어려운 상황에서 어떻게 해야 할지 모르겠다고 한다면 처음에는 구체적인 가이드를 주는 것이 도움이 됩니다. 아이에게 "잘해봐", "그냥 하면 되지", "그게 뭐가 어려워"와 같은 말은 도움이 되지 않습니다. 아이는 어떻게 하는 것이 잘하는 것인지 몰라서 도움을 요청한 것이기 때문입니다. "아빠, 수염이 길 때는 뽀뽀하지 마세요. 까슬까슬해요"라고 말하면 된다고 아이가 직접 말하는 것처럼 알려줘야 합니다.

이때 알려주는 문장이 너무 길면 안 됩니다. 특히 어릴수록 말이 길면 아이가 그대로 따라 하는 것이 어렵습니다. 어렵게 느껴지면 '나는 할 수 없다'고 생각할 수 있습니다.

불가능한 상황이 아니라면, 아이가 처음으로 한 요청은 들어주는 것이 좋습니다. 처음에 성공하는 경험이 중요합니다. 용기를 내서 요청했는데 "무슨 말도 안 되는 소리야!"라는 대답을 들으면 실망하고, 앞으로 자신의 생각을 말하고 싶지 않을 것입니다.

아이가 의사 표현하는 것을 부끄러워하거나 힘들어한다면, 말로 직접 표현하는 연습과 함께 아이 스스로 생각하는 힘을 길러주세요. "오늘은 어떤 간식이 먹고 싶어?"와 같이 일상에서 부모가 아이에게 하는 질문에는 아이의 의사를 존중한다는 의미가 담겨 있습니다. 또한 생각하는 힘을 길러줍니다. 아이에게 선택의 기회가 많이 주어지면 선호하는 것을 자유롭게 표현할 수 있게 되고, 동시에 의사 결정에 대한 책임도 배울 수 있습니다.

아이 스스로 생각하는 힘을 길러주는 단계별 대화법

1단계: "밖이 많이 추워. 오늘 어떤 옷 입을래?"

이 질문을 받은 아이는 추운 날씨에 무슨 옷을 입어야 할지 스스로 생각하게 됩니다. 엄마가 따뜻하게 입으라는 말을 직접적으로 하는 대신 아이가 생각할 기회를 주는 것입니다. 그러면 아이는 스스로 판단하고, 엄마도 몰랐던 정보에 대해 말하기도 한다.

"엄마, 요즘 교실이 너무 더워요. 두꺼운 옷을 입으면 땀이 나니까 점퍼 안에 벗을 수 있는 카디건을 입을게요."

엄마가 한 가지 질문을 한다고 해서 아이가 하나만 생각하는 것은 아닙니다. 추운 날은 따뜻한 옷을 입어야 한다는 것과 교실의 온도, 활동 정도를 고려하여 어떤 옷을 입는 것이 좋을지 고민할 수 있습니다. 또한 '두꺼운 옷을 입지 않아도 되는 이유'를 엄마에게 설명하면서 다른 사람을 설득하고 이해시키는 연습도 자연스럽게 할 수 있습니다.

2단계: "오늘 영하 10도야."

아이는 '영하 10도'라는 말을 듣고, 이전에 겪었던 추운 날씨를 떠올리며 어떤 준비가 필요한지 상상합니다. 매우 춥다면 얼마나 따뜻한 옷을 입어야 할지, 모자를 쓰고 핫팩까지 챙겨야 할지 고민하게 됩니다.

3단계: "오늘 날씨는 어떻지?"

이 질문은 아이가 온도와 함께 눈(비)이 올 확률까지 생각하고 외출 준비할 수 있게 합니다.

처음에는 많은 정보를 제공하면서 질문을 하고, 아이가 익숙해지면 정보를 점점 줄이면서 아이가 스스로 생각하고 결정하도록 하는 것이 3단계 대화법입니다.

아이가 어릴 때는 옆에서 도와주어야 하지만 성장하여 스스로 할 수 있는 부분까지 대신 해주면, 아이는 이것을 당연시하게 되고 자신의 일정을 관리하는 방법을 배우지 못하게 됩니다.

엄마가 항상 옷을 챙겨주던 아이는 체육수업날 신은 구두 때문에 달리기를 잘 하지 못했다면 "엄마 때문에 오늘 꼴찌했어"라는 식의 말을 할 수 있습니다. 이는 앞서 이야기한 사례에서 "엄마가 나의 인생을 망쳤습니다"라는 말과 다르지 않습니다.

스스로 생각하는 힘이 있는 아이였다면 달릴 차례가 아닌 친구와 신발을 바꿔 신었을 수도 있습니다. 배가 아프다고 꾀병을 부려 달리지 않았을 지도 모릅니다. 거짓말은 나쁘지 않냐고요? 아이의 거짓말을 알았을 때 "그래도 거짓말하는 건 잘못한 거야. 다음부터는 네 스케줄은 네가 잘 챙겨야 해"라고 알려주면 됩니다. 임기응변도 스스로 생각할 수 있어야 가능한 능력입니다.

아이가 삶의 주인공으로 성장하려면 스스로 생각하고 결정하는 능력을 키워주어야 합니다. 그 과정에서 결과도 스스로 책임져야 한다는 것을 배울 수 있습니다. 부모는 아이가 성장하는 만큼 함께 성장해야 합니다. 아이가 할 수 있는 일은 스스로 해낼 수 있도록 단계적으로 독립시켜주는 지혜가 필요합니다.

감사를 행복의 씨앗으로
만들어라

　첫째 아이가 초등 2학년, 둘째 아이가 1학년일 때 학교에서 '존재만으로도 소중하고 기쁨이 되는 아이'라는 주제로 한 달 동안 엄마가 아이들로 인해 기쁨을 느끼는 순간을 적는 숙제가 있었습니다. 30가지를 적어야 했는데, 아이들이 이 내용을 수업시간에 발표하면서 마무리되는 것이었습니다. 처음에는 아이들이 잘한 일 위주로 생각이 났습니다.

　· 받아쓰기 공부를 열심히 해서 점수가 올랐어요.

· 혼자 책을 읽고 싶었지만, 놀아달라는 동생의 부탁을 들어
줬어요.
· 친구와 놀 때 동생이 외롭지 함께 같이 놀았어요.

15가지가 넘어가자 아이들이 잘한 일을 적기 어려워졌습니다. 이후에는 방향을 바꾸어 아이들로 인해 감사함과 기쁨을 느꼈던 일을 적기 시작했습니다.

· 쓴 약을 투정 부리지 않고 먹었어요.
· 코로나에 걸렸지만 나쁘지만은 않다고 좋은 점을 찾아냈어요.
· 할아버지, 할머니께 안부전화를 드렸어요.
· 아빠에게 사랑한다고 크게 말했어요.

적어 내려가면서 아이들로 인해 기쁨을 느끼는 순간이 일상에서 많다는 것을 알게 되었습니다. 제가 종이를 잘 보이는 곳에 붙여 두었더니 아이들은 수시로 읽었습니다.

"엄마, 제가 쓴 약을 잘 먹어서 기뻤어요?"
"네가 열이 나고 아파서 엄마가 걱정이 많이 됐는데, 약을 잘 먹어서 금방 나을 수 있겠다는 생각이 들었어. 네가 금방 나을 거

라고 생각하니까 너무 감사했어."

"할아버지, 할머니께 전화를 드리면 엄마가 기분이 좋아요?"
"엄마는 할아버지, 할머니가 웃으시면 행복해. 네가 안부전
화를 드리니까 많이 웃으셨잖아. 그래서 엄마도 기분이 좋았어.
고마워."

행동의 결과보다 과정을 칭찬하고, 당연하게 여기던 행동에
의미를 부여하고 고마워하자 아이들이 달라졌습니다. 연년생 두
아이가 서로 이기려는 경쟁이 줄어들었고 "엄마는 오빠만 좋아
해!"라는 비교하는 말이 없어졌습니다. 그리고 자신의 행동이 다
른 사람에게 어떤 영향을 미칠 수 있는지 생각하고, 다른 사람에
게 도움이 되는 행동을 하려고 노력했습니다.

아이에게 "고마워"라고 말하면 일상에 어떤 변화가 생길까
요? 심리학자 아들러Alfred Adler는 '자존감은 내가 무언가를 이루
었을 때뿐만 아니라 다른 사람을 도울 수 있는 사람이라고 느낄
때 높아진다'고 하였습니다. 아이는 다른 사람에게 도움이 된 것
에 대한 뿌듯함을 경험하게 됩니다.

칭찬이 주로 윗사람이 아랫사람에게 하는 평가라면, 감사는
대등한 관계에서 하는 존중의 표현입니다.

아이가 가지고 놀았던 장난감을 정리했을 때 "잘했어"라고 하지만, 남편이 거실을 정리했을 때는 그렇게 말하지 않는 것과 마찬가지입니다. "잘했어"라는 칭찬은 대등한 관계에서는 사용하지 않는 말이기 때문입니다.

아이는 부모가 감사함을 표현할 때 자신의 가치와 소속감을 느낍니다. 그리고 가정, 학교 등 사회 구성원으로서 자부심을 갖습니다. 소속감과 자부심을 느끼는 아이는 학교와 사회에서 자신이 가치 있는 일을 하려면 무엇을 해야 할지 생각하고 행동하게 됩니다.

한 달간 아이들로 인해 느낀 기쁨을 적는 숙제를 제출한 후에도, 매일 2~3분씩 일상에서 아이들과 함께 감사한 일을 찾고 종이에 썼습니다. 처음에 아이들은 어떤 일을 감사하다고 해야 할지 모르겠다고 했습니다. 다음은 아이에게 알려준 감사한 일입니다.

· 손이 있어 편지를 쓸 수 있어서 감사해요.
· 푹신한 이불이 있어서 따뜻하게 잘 수 있는 것이 감사해요.
· 신발이 있어 발을 다치지 않고 달리기를 할 수 있어서 감사해요.
· 친구가 연필을 빌려줘서 문제를 풀 수 있었어요. 감사해요.

· 엄마가 퇴근을 빨리해서 행복해요. 차가 밀리지 않은 것이 감사해요.

· 이모가 맛있는 밥을 해주셔서 배가 불러요. 감사해요.

· 엄마가 핸드폰 사용 보너스 시간을 주셔서 신나게 놀았어요. 감사해요.

· 감사한 것들로 가득 찬 멋진 삶을 살고 있다는 것을 알 수 있어서 감사해요.

처음에는 골똘히 생각해서 겨우 하나를 말하는 정도였는데, 일주일이 지나자 서로 많은 이야기를 하였습니다. 특별할 것 없었던 일상에서, 당연하게 여겼던 사소한 일에서, 친구의 작은 배려에서 감사함을 찾게 되었습니다.

"오늘 학교 보안관 아저씨가 먼저 반갑게 인사해 주셔서 감사했어요."

"지우개를 떨어뜨려 잃어버렸는데 친구가 지우개를 빌려줘서 고마웠어요."

일상에서 감사한 점을 찾고 이야기하는 것이 습관이 되면서 "감사합니다", "고마워"와 같은 말을 자주 사용하게 되자, 어느 순간에는 친구들 사이에서 인기 있는 아이들이 되었습니다.

감사함을 표현하기 시작한지 3개월이 지난 어느 날, 아이의

둘째 아이의 감사 메시지

책가방에서 '감사 메시지'를 발견했습니다.

둘째 아이는 아침에 머리를 예쁘게 하고 싶어 새벽 5시에 일어날 정도로 스타일에 예민했습니다. 일찍 출근하는 저는 아이가 원하는 대로 자주 묶어주지 못하고 대신 남편이 해주었는데, 하나로밖에 묶어주지 못하자 눈물을 글썽거리기도 했습니다. 그랬던 아이가 '아빠가 머리를 묶을 수 있어서 감사하다'고 했습니다. 감사한 마음이 습관이 되자, 아쉽고 속상했던 일에서도 감사한 일을 찾게 된 것입니다.

세상의 많은 일들이 이와 같습니다. 누군가에게는 아쉽고 서운할 일이, 누군가에게는 행복하고 감사한 일이 됩니다. 현실에 안주하라는 의미는 아닙니다. 현재에 감사할 일들이 많지만 이를 깨닫지 못하고 스스로 불행한 사람이 되지 않기를 바랍니다.

노을 진 하늘의 아름다움, 가족과 함께하는 저녁 식사, 친구와의 따뜻한 대화 등 주변을 살펴보고 감사할 수 있는 일들을 발견해 보세요. 발견하는 것들이 우리가 생각하는 것보다 더 크고 더 소중할지도 모릅니다. 그리고 그 감사함은 우리의 삶에 새로운 의미를 부여할 것입니다.

나는 존중받을 만큼
훌륭한 사람입니다

존중은 '높이어 귀중하게 대한다'는 의미입니다. 이 세상의 모든 사람은 존중받아 마땅합니다. 그러나 어린 시절을 떠올려 보면 1980년대에는 '존중'이라는 말을 쉽게 들을 수 없었습니다. 2000년대에 들어서면서 대중화되어 아이들을 존중해야 한다는 인식이 확산되었습니다. 1980년대에 태어난 부모들은 어린 시절 존중받은 경험이 부족해 아이를 존중하는 것을 어려워하는 경우가 있습니다.

"학교 다녀오셨어요? 우리 아드님, 오늘도 정말 수고하셨어요."

아이에게 극존칭을 사용하는 부모들을 그 예로 들 수 있습니다.

이것은 말을 이해하기 시작하는 2~3세 아이에게 존칭어를 가르치기 위해 사용하는 것과 다릅니다. 7세 정도가 되면 아이들은 존칭어를 어린 사람이 나이가 많은 사람에게 사용한다는 것을 알게 되므로 부모의 극존칭은 아이에게 혼란을 줄 수 있습니다. 부모 자식 관계가 바뀌는 역전 현상을 일으키는 원인이 될 수 있고, 아이의 잘못을 가르칠 때 훈육이 잘 되지 않는 상황을 경험하게 될 수 있습니다.

또한 누구나 하는 일을 했을 뿐인데 대단한 일을 해낸 것 같은 대우를 받고 자란 아이는 밖에서 평범한 대접받는 일을 견디기 어려워합니다. 집에서 받는 대접을 당연하게 여기게 되면 과도한 자기애에 빠지게 되기도 합니다.

'너보단 내가 훨씬 나아.'

이러한 생각을 기본적으로 가진 아이는 학교에서 교우관계에 어려움을 보입니다. 자기중심적이며, 친구들을 무시하는 언행을 하는데 주저함이 없습니다.

그렇다면 아이에게 '존중'을 어떻게 가르쳐 주어야 할까요? 방법은 어렵지 않습니다. 바로 부모가 먼저 존중받을 만큼 훌륭한 사람이라는 사실을 알려주면 됩니다.

'나는 존중받을 만큼 훌륭한 사람이 아니에요. 평범해요.'

이런 생각이 든다면 이 말을 다시 한 번 생각해 보세요.

'이 세상의 모든 사람은 존중받아 마땅하다.'

존중받을 만한 사람이라는 가치는 내가 만드는 것입니다. 정확하게 말하면 내 안에 잠재된 가치를 발견하고 세상에 보여주는 것입니다.

저는 몇 해 전 TV에 방영되었던 한 보일러 광고를 좋아합니다. 한 아이가 학교에서 선생님과 친구들 앞에서 부모님의 직업을 소개하는 장면이었습니다. 아이는 자신의 아빠를 이렇게 소개합니다.

"우리 아빠는요, 지구를 지키는 사람이에요!"

아이의 표정은 자부심과 뿌듯함으로 가득 차 있습니다. 아이의 아빠는 보일러 회사 직원으로 에너지 효율을 높이는 보일러를 만드는 사람이었습니다. 보일러의 에너지 효율을 높이는 일이 궁극적으로는 지구 온난화를 예방하는 것이므로 아빠의 일을 '지구를 지키는 일'이라고 소개한 것입니다.

우리는 어린 시절 그리스로마 신화에 나오는 힘이 센 신, 아름다운 신, 지혜가 뛰어난 신 등 다양한 신을 좋아했습니다. 이러한 신들을 동경한 이유는 그들이 특별하고 강력하며, 영감을 줄 수 있었기 때문입니다.

부모는 아이에게 신과 같은 존재입니다. 아이에게 부모가 얼마나 중요하고 대단한 존재인지 알려줘야 합니다. 아빠와 엄마가 어떤 훌륭한 일을 하는지 말해주는 것입니다. 사회에서 일하는 것은 돈을 벌기 위한 것뿐만이 아니라 사회 구성원으로서 책임을 다하는 것임을 이해시켜야 합니다. 부모의 직업을 구체적으로 설명할 필요는 없습니다. 다만, 부모가 세상에 꼭 필요한 존재라는 것은 알려주세요.

부모가 세상에서 중요한 일을 한다는 것을 이해하면 아이는 부모를 존중하고 존경하게 됩니다. 이를 통해 추상적 개념인 '존중'과 '존경'이 무엇인지를 알게 됩니다. 아이는 부모를 모방하고 싶어하기 때문에 스스로 사회에 필요한 구성원이 되고자 노력할 것입니다.

내가 어른이 되면 세상에 필요한 사람이 될 거라는 생각은 자존감의 단단한 뿌리가 되고, 나아가 자아실현을 하기 위한 원동력이 됩니다. 이 과정을 통해 아이는 자신을 존중하고 사회에 기여할 방법을 찾아갑니다.

다음은 부모님 직업 설명의 예시입니다.

선생님	다른 사람을 지혜롭게 만드는 일은 아무나 할 수 없는 참 멋진 일이야. 지혜로운 사람이 많아질수록 세상은 아름다워진단다.
마트 직원	필요한 물건을 쉽게 찾아서 살 수 있게 해주지. 이 일을 하는 사람이 없다면 물건이 다 섞여서 필요한 물건을 찾지 못하고, 먹고 싶은 음식을 먹지 못해서 슬픈 사람들이 많아질 거야.
간호사	아픈 사람을 돌보는 사람들은 마음에 사랑이 가득해. 사랑이 많은 사람들은 세상을 따뜻하고 아름답게 만들어줘.
택배 기사	돈을 주고도 살 수 없는 시간을 아끼게 만들어주는 엄청난 일이지. 택배를 기다리는 사람들은 모두 행복한 설렘을 가지고 있어. 사람들에게 행복을 배달하는 일은 정말 멋지지?
보험 설계사	미래를 대비할 수 있게 도와주는 일이야. 갑작스럽게 다쳐도 걱정 없이 병원에서 치료를 받을 수 있게 해주지. 좋지 않은 일이 생긴 사람을 더 슬퍼지지 않게 도와주는 거야.
전업주부	집 안을 관리하고 가족을 돌보는 일을 해. 가정을 편안하고 따뜻한 분위기로 만드는 것은 아주 큰 사랑을 가진 사람만 할 수 있는 일이야. 큰 사랑을 받고 자라는 아이는 세상에 도움이 되는 일을 하게 된단다.
작가	글을 통해 사람들은 새로운 아이디어를 떠올리고, 위로와 응원을 받기도 해. 아주 멀리 떨어져 있는 사람도 도울 수 있는 마법 같은 능력이란다.
정치인	우리나라 국민들이 모두 잘 살 수 있게 도와주는 일이야. 한 사람이 아니라 5000만 명이나 되는 국민 모두를 위해 일하는 거야.
법관	세상에 억울한 사람이 없게 만드는 일이야. 사람들이 싸우지 않고 사이좋게 지낼 수 있도록 도와줘. 이 일을 하는 사람이 없다면 세상은 싸우는 사람들이 너무 많아서 시끄러울 거야.
경찰관	경찰관이 없으면 이 세상이 나쁜 사람들로 가득할 거야. 덕분에 우리가 안전하게 지낼 수 있어.

부모님 직업 설명 예시

부모 상담을 하다 보면 "저는 직업이 없어요. 전업주부예요"라고 말씀하시는 분들이 있습니다. 하지만 돈으로 바로 환산되는 일만 가치 있는 것이 아닙니다. 앞서 말했듯이 자신이 하는 일의 가치를 찾고 알려주면 됩니다.

전업주부인 엄마가 아이에게 이렇게 자신의 일을 말해주면 어떨까요?

"앞으로 큰사람이 될 너를 돌보는 일을 하고 있어. 그래서 엄마는 이 일을 하는 것이 행복하고 자랑스러워."

아이를 존중하기 위해서는 먼저 자신을 존중해야 합니다. 당신은 존중받을 만큼 이미 훌륭한 사람입니다.

약이 되는 칭찬과
독이 되는 칭찬

칭찬하는데 무슨 기술이 필요할까요? 칭찬은 단순히 상대에게 들기 좋은 말을 하는 것이 아닙니다. 아이는 부모의 칭찬을 좋아합니다. 말을 못하는 아기도 곤지곤지 쬠쬠을 열심히 하고는 기대 어린 표정으로 부모를 쳐다봅니다. 칭찬을 기다리는 것입니다.

말 못하는 아기도 그런데 유아기, 학동기의 아이라면 더 말할 것이 없습니다. 부모의 진심 어린 칭찬은 아이에게 충분한 동기부여가 됩니다. 칭찬받고 싶어서 하기 싫은 공부도 꾹 참고 합니다. 초등학생 아이들을 만나 이야기를 해보면 "공부를 잘해야 엄마가 좋아해요"라고 말하는 경우가 적지 않습니다.

"공부를 잘해야 엄마가 나를 좋아한다고 생각하는 사람?"이라는 질문에 강남의 한 초등학교 5학년 교실 80%의 아이들이 손을 듭니다. 공부를 못하는 자신은 엄마가 싫어한다고 믿는 것입니다. 아이들이 이렇게 생각하는 이유는 무엇일까요? 단순히 높은 점수에 엄마가 웃고, 낮은 점수에 엄마가 속상해했기 때문일까요?

'나는 아이를 평가하지 않는다'고 생각할지도 모르겠지만, 부모는 쉬지 않고 아이를 평가하고 있습니다.

"세상에서 제일 예뻐."

"넌 천재야."

"정말 잘했다."

모두 일상에서 아이를 평가하는 말입니다. 예쁘다 또는 못생겼다는 외모를 평가하는 말이고, 천재나 바보는 타고난 능력에 대한 평가입니다. 또한 잘한다와 못한다는 결과에 대한 평가입니다. 이러한 평가들은 우리가 무의식적으로 하게 됩니다. 이러한 평가가 모두 부정적인 것은 아닙니다. 아이에게 도움이 되는 긍정적인 평가와 그렇지 않은 부정적인 평가가 존재합니다.

1. 결과 평가 - 과정 평가

시험을 본 아이의 성적을 평가하는 것은 결과를 평가하는 것이고, 시험을 준비하는 아이의 태도와 노력을 평가하는 것은 과정을 평가하는 것입니다. 둘 중 아이에게 도움이 되는 평가는 '과정 평가'입니다.

결과 평가: "60점이야? 친구는 몇 점 받았어?"
과정 평가: "60점이네. 이번에는 준비가 부족했나 보다."

결과를 평가하는 것은 상대평가입니다. 1등은 한 명 뿐이고, 내가 95점을 받아도 다른 친구가 98점을 받으면 점수에 만족할 수 없습니다. 결과에 만족하려면 내가 가장 잘해야 합니다.

결과 중심의 평가를 받는 아이들에게 과정은 중요하지 않습니다. 아무리 열심히 노력해도 결과가 좋지 않으면 자신이 실패한 것처럼 느껴지기 때문입니다. 그래서 좋은 결과를 내기 위해서는 부정한 방법을 사용해도 된다고 생각하게 됩니다.

반면 과정을 평가하는 것은 절대평가입니다. 다른 사람과 비교하는 것이 아니라 '아이 자신을 기준'으로 삼습니다. 노력의 정도를 주관적으로 평가할 수 있어서 결과가 좋지 않더라도 칭찬받을 수 있습니다. 열심히 노력해도 결과가 좋지 않을 수 있습니다. 그러나 노력하는 과정을 칭찬받는 것에 익숙해지면 다음 시험에도 성실하게 임할 수 있게 됩니다.

과정을 평가하는 것이 중요하다는 건 알지만, 아이의 100점 짜리 시험지를 보고 올라가는 입꼬리를 내리는 것은 어려운 일입니다. 그래도 "우와, 100점이네. 잘했어!"가 아니라 아이가 한 노력에 초점을 맞추어 "집중해서 공부하니까 결과가 좋네. 축하해"와 같이 노력을 칭찬해 주세요. 말로는 "결과보다 과정이 중요해"라고 했지만 행동이 일치하지 않으면 아이는 실망하고, 부모의 말을 신뢰하지 않게 될 수 있습니다.

2. 재능 평가 - 노력 평가

"넌 아빠 닮아서 수학을 잘하는구나."

이 말은 흔히 하는 실수 중 하나입니다. 아이의 성취를 오로지 유전적 영향으로만 설명하고, 노력은 인정하지 않는 느낌을 줍니다. 이때는 아이가 나를 닮았다는 점을 칭찬하되, 그것이 노력의 결과임을 강조하면 됩니다.

EBS에서 재능을 칭찬하는 것과 노력을 칭찬하는 것이 아이에게 어떤 영향을 주는지 실험을 진행했습니다. 아이들을 재능을 칭찬받는 그룹과 노력을 칭찬받는 그룹으로 나누고 똑같은 문제를 풀게 했습니다. 독립된 공간에서 시험 문제를 푸는 두 그룹의 아이들에게 시험 감독관은 혼잣말처럼 2가지 다른 말을 합니다.

첫 번째 그룹의 아이들이 문제를 풀 때는 "어려운 시험인데 잘 푸네. 머리가 좋은가 보다"라고 하고, 두 번째 그룹의 아이들이 문제를 풀 때는 "어려운 시험인데 침착하게 잘 푸네"라고 합니다. 첫 번째 실험에서 두 그룹의 시험 성적은 눈에 띄는 차이가 없었습니다. 재미있는 것은 두 번째 실험입니다.

"조금 더 어려운 문제를 풀어볼래?"라는 제안에 머리가 좋다고 인정받았던 첫 번째 그룹의 아이들 중 90%가 거절했고, 두 번째 그룹의 아이들 중 50% 이상이 그 제안을 받아들였습니다.

재능을 인정받은 아이는 조금 더 어려운 시험 문제를 풀었다가 감독관이 자기의 머리가 좋지 않다고 생각할까봐 그런 결과가 나올 수 있는 상황 자체를 피한 것입니다. 반면에 노력을 인정받은 아이들은 더 어려운 문제라도 자신이 침착하게 임하면 할 수 있을 것 같다는 자신감을 얻어 도전하겠다고 답했습니다.

이처럼 재능만 칭찬하면 조금만 어려운 상황을 만나도 아이가 쉽게 포기할 수 있습니다. 집에서는 자신이 천재인줄 알았는데 학교에 가 보면 그렇지 않다는 사실을 알게 되는 경우가 많습니다. 이런 상황에서 아이는 더 나은 결과를 얻기 위해 노력하기보다는 나보다 더 뛰어난 친구를 이길 수 없다 생각하고 포기하게 됩니다.

성인이 되면 삶의 다양한 문제들에 직면하게 됩니다. 아이를 생각한다면 어떤 칭찬을 해야 좋을지에 대한 답은 분명합니다.

3. 외모 평가 - 내면 평가

여자아이의 부모들은 하루에 적어도 세 번, 1년이면 천 번이 넘게 "너는 어쩌면 이렇게 예뻐", "넌 세상에서 제일 귀여워"라고 말하는데, 이런 말은 유치원까지만 효과가 있습니다. 성장하면서 자신만의 미적 기준이 생기고, 부모가 말하는 것처럼 세상에서 제일 예쁜 정도는 아니라는 것을 알게 됩니다. 부모가 자신에게만 관대하다는 것을 깨닫거나, 부모가 거짓말쟁이라고 생각하기도 합니다. 또는 부모의 말처럼 되기 위해 계속 외모를 가꾸려고 노력할 수도 있습니다.

그에 반해 내면을 칭찬하는 것은 아이의 성품을 칭찬하는 것입니다.

"다른 사람을 배려하는 마음이 예뻐."

"친구를 도와주는 마음이 아름다워."

"동생에게 양보하는 마음이 훌륭해."

아이가 칭찬을 듣기 위해 노력하는 행위 자체가 아이의 성품을 좋은 방향으로 발전시키는 동기가 되는 것입니다.

정리하면, 아이를 평가할 때 타고난 부분을 중요시하는 것이 아니라 노력으로 이루어낼 수 있는 부분에 주목해야 합니다. 이러한 접근은 아이가 바른 가치관을 형성하고, 노력의 중요성을 이해하며, 어려움이 닥쳐도 극복할 수 있다는 자신감을 갖게 할 것입니다.

화내지 않고
아이가 규칙을 지키게 하는 법

"오늘도 아이에게 화를 냈어요"라며 자책하는 부모들을 자주 만납니다. 저 역시 화에서 자유롭지 않습니다. 아이가 말없이 방과 후 수업을 빠지고 친구들과 놀다가 들어와 혼을 낸 적이 있습니다. 아이도 충분히 알아들은 것 같으니 그만해야겠다고 생각했지만 한 번 시작한 이야기는 멈춰지지 않았습니다. 내 몸이 나의 통제를 벗어난 느낌이었습니다.

그때 방과 후 선생님에게서 전화가 왔습니다. 평온한 목소리로 전화를 받자 아이는 엄마의 드라마틱한 변화를 신기하게 바라보는 듯해 민망했습니다. 앞으로 잘하라는 말로 상황을 급히 마무리했습니다.

제 의지로는 화를 조절하고 멈출 수 없었지만, 전화라는 외부적인 요인에 의해 화를 멈출 수 있었던 것입니다. 이처럼 화가 나서 이성적으로 자신을 컨트롤할 수 없는 상황을 소위 '뚜껑이 열렸다'고 표현합니다.

그렇다면 화는 어떠한 성질을 가지고 있을까요? 정말 화는 조절할 수 없는 것일까요? 결론부터 말하면 화는 조절이 가능한 감정입니다.

극도로 화가 난 상태를 UCLA 정신의학과 대니얼 J. 시겔Daniel J.Siegel 교수는 '손바닥 뇌 이론'으로 설명했습니다. 이 이론은 감정 상태에 따른 뇌의 변화를 손과 뇌를 비교하여 설명한 것입니다.

손가락을 모두 편 상태에서 손목과 손바닥은 생존 본능과 관련된 뇌간(위급 상황에서 도망가거나 싸우거나 멈추게 하는 영역으로 파충류의 뇌라고도 합니다)을 나타냅니다. 손가락 5개를 모두 편 상태에서 엄지 하나만 접었을 때 엄지는 기억과 감정을 관여하는 변연계(편도체)를 의미합니다. 이 이론에서 엄지를 제외한 나머지 손가락은 생각과 이성적 사고를 담당하는 대뇌피질입니다. 손가락을 모두 접어 엄지를 덮은 상태가 감정적으로 편안한 상

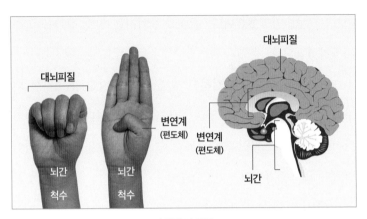

손바닥 뇌 이론

태일 때를 나타냅니다. 이 상태에서 이성(대뇌피질)과 감정(변연계)은 상호보완적인 영향을 주고받습니다.

그런데 스트레스를 많이 받거나 감정적으로 격해지면 엄지가(편도체)가 점점 커집니다. 엄지가 점점 커지면 나머지 손가락 4개가 위로 들리게 됩니다. 이것이 바로 화가 나 뚜껑이 열린 상태입니다. 이성적인 통제의 영향력을 신체가 벗어난 상황인 것입니다. 그래서 이 상태에는 해서는 안 되는 말을 하고, 하면 후회할 행동을 하게 됩니다.

뚜껑이 열린 상태, 즉 이성의 통제를 받지 못하는 상태에서 다시 뚜껑을 덮어 이성적인 행동을 할 수 있게 하려면 현재 상황에서 벗어날 수 있는 방법을 찾아야 합니다. 마치 선생님께 걸려

온 전화처럼 어떠한 계기가 필요한 것입니다.

화를 멈추기 위한 방법으로, 리플러스 인간연구소의 박재연 소장은 상처받은 아이의 눈을 떠올리고, 감정코칭 선구자 최성애 박사는 심호흡을 한다고 하였습니다. 소아청소년 정신건강의학과 전문의 오은영 박사는 그 자리를 잠시 벗어나라고 조언하였습니다.

화는 조절 가능합니다. 하지만 계기 없이 조절하기는 쉽지 않습니다. 그래서 화가 터지기 전에 표현하는 것이 좋은데, 이보다 더 좋은 것은 화가 나는 상황을 만들지 않는 것입니다.

아이가 말없이 수업을 빠진 일처럼 특별한 상황을 제외하고 아이에게 화를 반복해서 내는 상황들이 있습니다. 숙제가 있는데 계속 유튜브만 보거나, 식사를 할 때 이리저리 돌아다니면서 밥을 먹거나, 공부하는 시간에 낙서를 하는 등의 상황은 규칙을 만들고 이를 따를 수 있게 해야 합니다.

이때 규칙은 예외 없이 일관되게 지켜져야 합니다. 예를 들어 숙제를 마쳐야 유튜브를 볼 수 있는 것이 규칙이라면 집에 할머니, 할아버지가 오셨어도 숙제를 마친 다음에 유튜브를 볼 수 있어야 합니다. 어른들은 상황을 고려하여 예외의 경우를 만들기도 하지만, 아이의 입장에서는 언제 예외가 적용되는지 이해하기 어렵습니다.

아이는 하고 싶은 것을 하고자 하는 욕구가 어른보다 더 강합니다. 그래서 예외 상황을 경험한 아이는 부모를 시험합니다. 일단 말을 듣지 않고 하고 싶은 일을 하면서 부모의 눈치를 살핍니다. 그러다 혼이 나면 그때서야 해야 할 일을 합니다.

아이는 같은 상황이라도 언제는 혼나고 언제는 허락을 받는다면, 행동의 기준을 갖기 어려워집니다. 따라서 규칙은 한 번 정하면 예외를 두지 않는 것이 가장 좋습니다.

또한 규칙을 잘 지켰을 때 보상이 있다면, 규칙을 잘 지키지 않았을 때 벌칙도 있어야 합니다. 생각해보면 당연한 이치인데 의외로 벌칙 없이 보상만 있는 규칙을 정하는 경우가 많습니다. 아이가 좋아하는 것을 주는 것이 보상이라면 '게임 시간 30분 줄이기'와 같이 아이가 싫어하는 것을 벌칙으로 정하는 것입니다.

보상과 벌칙은 엄마와 아이 모두 기분이 좋을 때 정해야 합니다. 아이가 잘못한 상황에서 "너 이제 앞으로 유튜브 보지 마!"라는 말은 벌칙이 아니라 응징입니다. 보상과 벌칙은 사전에 정해진 대로 지켜질 때 더 효과가 좋다는 것을 기억하시길 바랍니다.

제안보다
공감이 먼저다

아이와 함께하는 아침은 바쁩니다. 엄마의 마음은 급한데 아이가 잘 따라주지 않으면 엄마는 애가 탑니다. 멀리 떨어져 딴청 부리고 있는 아이에게 양말을 신으라고 소리쳐도 아이는 대답도 없습니다. 양말을 아이에게 가져다주며 다시 한 번 말합니다.

"양말 신어. 늦었어."

아이에게 양말을 주고 엄마는 방으로 들어가 외투를 들고 나왔습니다. 그래도 아이는 계속 장난감만 가지고 놀고 있습니다. 마음이 급한 엄마는 결국 양말을 엄마가 신겨줍니다. 아이는 엄마의 기분이 좋지 않다는 것을 느끼고 눈치를 살피기 시작합니다. 그래도 아이는 여전히 여유롭습니다. 외투를 입을 때도, 신발을 신을 때도 엄마가 몇 번씩 말해야 겨우 움직입니다. 같은 말을 몇 번이나 반복했는지 기억도 나지 않습니다. 아이를 유치원 버스에 태우고 나면 엄마는 크게 숨을 내쉽니다. 아이에게 윽박지른 날은 '내가 왜 그랬지, 조금 더 참을 걸'이라는 생각에 속상하고, 소리 지르지 않고 참아낸 날도 속은 시꺼멓습니다. 왜 아이는 엄마의 말을 듣지 않는 것일까요?

아침 등원 전쟁에만 해당되는 이야기가 아닙니다. 놀이터에서 그만 놀고 들어가자고 할 때, 식사 전에 과자를 먹고 싶다고 할 때, 한밤중에 동물원을 가고 싶다고 할 때, 숙제를 하기 싫다고 할 때 등 할 수 없는 것을 안 된다고 말하고, 해야 할 일을 하라고 말했을 뿐인데 아이가 왜 이렇게 격렬하게 거부하는지 이해할 수 없습니다.

하지만 어른이 되어서도 이런 기분을 경험할 수 있습니다. 아이들 옷을 사기 위해 마트에 갔습니다. 구경하다 보니 트렌치코트가 눈에 들어옵니다. 힐끗힐끗 옷을 쳐다봐도 남편은 반응이 없습니다. 매장에 들어가 옷을 만져도 남편은 본체만체합니다. 아쉬운 표정으로 남편에게 조심스럽게 말합니다.

"이 옷 나한테 어울릴 것 같지 않아?"

"당신 옷 사러 온 거 아니잖아. 애들 옷 얼른 사고 가자."

남편에게 이 말을 들은 아내의 기분은 어떨까요? 아이처럼 이 옷을 사고 싶다고 소리를 지르거나, 조르지는 않겠지만 마음은 상합니다.

아이도 이와 같습니다. 아침에 서둘러야 한다는 것을 압니다. 놀이터에서 더 놀지 못할 상황이라는 것을 압니다. 지금 과자를 먹지 못할 상황이라는 것을 압니다. 밤이라 동물원에 가지 못한다는 것을 압니다. 숙제를 해야 한다는 것을 압니다. 알지만 놀고 싶고, 먹고 싶고, 하고 싶은 것입니다. 아이들 옷을 사러 왔지만, 내 옷도 하나 사고 싶은 마음이 드는 것과 마찬가지입니다.

아이와 관련된 일이 아니더라도 우리 일상에서 감정이 얽히는 일은 흔합니다. 이때는 감정을 먼저 알아주는 것만으로도 감정의 크기를 키우지 않을 수 있습니다. 먼저 감정을 알아주는 말을 한 다음에 전하고자 하는 말을 하는 것은 상대의 감정을 다치지 않게 하는 말하기 기술입니다.

매장에서 "이 옷 나한테 어울릴 것 같지 않아?"라는 아내의 말에 남편이 "잘 어울릴 것 같아. 그런데 오늘은 아이들 옷을 사러 왔으니 아이들 것 먼저 사자"라고 말했다면 서운하지 않았을 것입니다.

① 저 옷이 사고 싶구나.(공감: 감정 알아주기)

② 오늘은 아이들 옷을 사러 왔으니(한계 긋기: 이유 설명)

③ 아이들 옷을 먼저 사자.(제안: 방향 제시)

이 방법으로 날이 어두워져도 놀이터에서 더 놀고 싶다는 아이를 화내지 않고 집으로 가게 할 수 있습니다. 이때는 최대한 짧은 문장으로 말하는 것이 아이에게 잘 전달됩니다. 그리고 ③번의 제안하기는 아이의 의견을 물어보는 것이 아닙니다. 부드럽지만 단호하게 부모의 권위를 담아 말해야 합니다.

① 태하가 더 놀고 싶구나.(공감)

② 그런데 지금은 어두워져서 집에 가야 해.(한계 긋기)

③ 다음에 다시 오자.(제안)

아이의 감정을 공감해주면 아이의 말을 들어줘야 할 것 같아 감정에 공감해주는 것을 꺼리는 부모들이 있습니다. 하지만 아이의 감정을 공감해 준다고 반드시 아이의 말을 들어주어야 하는 것은 아닙니다.

코로나로 인해 여행을 가지 못한다는 것을 알지만 가고 싶을 수는 있습니다. 그래서 "해외여행 가고 싶다"라고 말했는데 "이

시국에 해외여행은 무슨 여행! 정신 차려"라는 이야기를 듣는다면 기분이 어떨까요? 반대로 "해외여행 가고 싶다"라는 말에 "나도 가고 싶어"라고 대꾸해주는 사람은 반가울 것입니다. 하지만 그렇다고 "지금 당장 해외여행 가자"라고 하지는 않을 것입니다.

아이도 마찬가지입니다. 늦은 밤 동물원에 가고 싶을 수 있습니다. 그 마음을 탓할 이유는 없습니다.

① 동물원에 가고 싶구나.(공감)
② 그런데 지금은 밤이라서 갈 수 없어.(한계 긋기)
③ 엄마 쉬는 날 같이 가자.(제안)

그렇다면 아침에 늑장 부리는 아이는 어떤 마음일까요? 엄마는 서두르라고 말했지만 그 순간 장난감을 가지고 놀고 있었다면 더 놀고 싶은 마음이 컸을 것입니다.

① 더 놀고 싶구나.(공감)
② 그런데 지금은 양말을 신어야 해.(한계 긋기)
③ 장난감은 있다가 가지고 놀자.(제안)

공감받는 순간, 아이는 엄마의 말을 들을 수 있는 마음의 여유를 가지게 됩니다. 그래서 지시사항을 더 잘 따르게 됩니다. 아이의 마음에 공감하는 말을 하면서 엄마는 지금 아이가 억지를 부리는 것이 아니라는 것을 이해하게 되고, 공감받은 아이는 엄마의 말에 좀 더 귀 기울이게 됩니다. '제안보다 공감이 먼저'라는 것을 잊지 마세요.

아이가 왜 공부해야
되는지 물을 때

초등학교 6학년 아이들을 대상으로 진로 멘토링을 진행했습니다.

"여러분의 꿈은 뭐예요?"

아이들은 너나 할 것 없이 손을 들고 소리를 높여 이야기합니다.

"서울대에 가고 싶어요!", "저는 하버드에 가고 싶어요!"

"명확한 목표를 가지고 있네요. 어떤 것을 하고 싶어서 서울대에 가고 싶지요?"

"……."

"그럼 하버드에 가고 싶은 친구는 이유가 있어요?"

"엄마가 가라고 했어요. 거기 가면 하고 싶은 일을 할 수 있대요."

"엄마가 하버드에 가면 좋다고 이야기하셨군요. 우리 친구는 어떤 것이 하고 싶어요?"

"잘 모르겠어요."

명문 대학에 가고 싶다고 소리 높여 외치던 아이들은 결국 자신이 무엇을 하고 싶은지 말하지 못했습니다. 목적 없이 목표를 향해 달리고 있는 아이들이 그날의 교실에 있었습니다.

목적目的과 목표目標는 다른 개념입니다. '목적'은 이루고자 하는 일이나 나아가는 방향을 말합니다. 예를 들면 '이 수업의 목적은 학생들의 미술에 대한 이해를 높이는 데 있다'와 같이 사용합니다. '목표'는 어떤 목적을 이루기 위해 도달해야 할 곳을 뜻합니다. 예를 들면 '정물화에 대해 이해하고 설명할 수 있다'와 같이 사용할 수 있습니다.

더 쉽게 설명하면 '목적'은 자신의 행동과 선택에 대한 방향으로 광범위하고 포괄적인 이유 또는 의도입니다. 인생에서 성취하거나 기여하고자 하는 것의 이유나 동기를 나타내며 "이 세상에 어떤 도움이 되는 일을 하고 싶니?"라는 질문에 대한 대답이 됩니다. '아픈 사람을 도와주기 위해서', '억울한 사람을 도와주고 싶어서', '사람들이 지금보다 편하게 살게 하고 싶어서' 등 자신이 하고 싶은 일의 가치와 의미가 목적입니다.

진학할 대학교는 자신의 목적을 이루기 위한 목표가 됩니다. '목표'는 더 큰 목적을 달성하기 위한 디딤돌 역할을 하고, 구체적이고 측정 가능합니다. 즉, 목표는 목적을 이루기 위해 해야 할 일입니다.

그런데 목적도 없이 "나는 최고가 될 거예요!"라는 목표만 세우는 아이들이 많습니다. 목적 없이 목표만 세우면 자칫 위험할 수 있습니다. 목표는 대안이 없습니다. 목표는 이루든 실패하든 둘 중 하나의 결과만 있습니다. 그래서 '서울대 입학'이라는 목표를 가진 아이가 낙방하면 자신이 실패했다고 받아들이게 됩니다.

반면 억울한 사람을 돕고자 하는 목적이 있다면, 법대에 진학하는 것을 목표로 삼을 수 있습니다. 만약 법대에 진학하지 못했다면 다른 방법을 찾고 새로운 목표를 세울 수 있습니다. 경찰이 되거나, 사회복지사가 되거나, 공무원이 되어 행정부서에서 일하는 방법도 있습니다. 목적이 분명하다면, 그것을 달성하기 위한 다양한 방법이 있습니다. 목적을 이루기 위한 목표가 한 번 실패했다고 해서 다른 목표를 세우지 못할 이유가 없습니다.

고故 이어령 선생님은 모든 아이들이 똑같은 목표를 향해 뛰어가는 현실에 대해서 안타까움을 토로하셨습니다. 100명의 아이들이 같은 목표를 향해 뛰어간다면 1등부터 100등까지 순위가 매겨질 수밖에 없습니다. 누군가는 성공하고 다른 누군가는 실패할 수밖에 없는 것입니다.

하지만 100명의 아이들이 각자 다른 방향으로 나아간다면 모두 성공할 수 있습니다. 100명의 아이들이 서로 다른 목적을 가지고, 그 목적을 이루기 위해 여러 목표를 세울 수 있습니다. 그런데 이런 목적이 없으니 아이들은 일단 목표를 향해 뛰는 것입니다.

2005년 인간 배아줄기세포 논문데이터 조작으로 세상을 떠들썩하게 한 황우석 박사가 세계 최초로 유전자 연구에 성공해 노벨상 받는 것을 목표로 삼지 않고, 불치병 환자를 돕겠다는 목적을 위해 줄기세포 연구 완성이라는 목표를 세웠다면 결과는 달라졌을 겁니다.

이처럼 목적의 존재 여부는 중요합니다. 목적이 분명하면 목표가 다양해질 수 있기 때문입니다. 아이가 목적 없이 좋은 시험 성적을 받는 것 자체를 목표로 삼으면 그 과정이 정당하지 않아도 괜찮다고 여길 수 있습니다. 그러나 '사람들이 지금보다 더 안전하게 살게 하고 싶다'는 목적을 이루기 위해 공부하고 시험을 친다면, 시험 성적에 지나치게 집착하지 않고 시험을 자신의 실력을 확인하는 기회로 활용할 수 있습니다.

　아이에게 "커서 뭐가 되고 싶어?"라는 질문은 이렇게 바뀌어야 합니다.

　"어떤 사람이 되고 싶어?"

　아이 스스로 이 사회의 구성원으로서 어떤 가치를 창출하는 사람이 될 것인가를 생각할 수 있도록 해야 합니다. 자신이 추구하는 가치나 목적이 무엇인지 모르는 상태에서 목표는 내적 동기를 제공하지 못합니다. 개인의 가치보다 성공의 외부 지표나 사회적 기대치를 우선시할 때, 자신의 꿈과 다른 방향의 목표를 추구하게 됩니다.

　이렇게 목적 없이 목표만 가진 아이들은 명문대에 가야 하는 이유를 알지 못합니다. 그래서 "왜 공부를 해야 하는지 모르겠어요"라는 말을 하고, 부모는 아이에게 "공부를 해야 좋은 대학에 가지"라는 대답 외에는 해줄 말이 없습니다.

　'공부를 왜 해야 돼요?'라고 질문을 하는 이유는 '나는 어떤 사람으로 살아가고 싶은가?'라는 질문에 스스로 답을 찾지 못했다는 의미입니다. '왜'라는 궁금증이 해소되지 않은 상태에서 단순히 좋은 대학에 들어가기 위해 하는 공부는 아이에게 동기부여가 되지 않습니다.

목적과 목표의 차이를 알려주고 "네 꿈은 무엇이니?"라고 질문해도 한 번도 생각해보지 않았거나, 너무 막연해서 아이가 쉽게 대답하지 못하는 경우가 흔합니다. 이것은 아이가 하고 싶은 일이 없어서가 아니라, 자신이 '그 일'을 할 수 있는 사람이라고 생각하지 못하기 때문일 수 있습니다. 막연히 '세상에 도움이 되는 사람', '다른 사람을 행복하게 만드는 사람'과 같은 꿈을 내가 정말 이룰 수 있을지 믿지 못하는 것입니다.

심리학자 아들러는 '사람은 자신이 가치 있다고 생각할 때만 용기를 낼 수 있다'고 하였습니다. 여기서 말하는 용기는 '자신이 해야 하는 과제를 피하지 않는 것'을 말합니다. 자신이 하고자 하는 일에 대해서 타인이 어떻게 생각하고 평가할까 눈치를 보는 것이 아니라, 나의 가능성을 중요하게 여기는 용기가 필요합니다. 이것이 세상의 흔한 기준과 다를지라도 내가 옳다고 믿는 것을 해내는 용기를 갖기 위해서는 부모의 역할이 중요합니다.

"너는 이 세상에 꼭 필요한 사람이야."

이런 말을 들려주면서 아이가 주도적으로 자신의 꿈을 설계하고, 그 꿈을 이루기 위해 스스로 계획하고 노력하는 것을 응원하고 지지해 주세요. 부모의 태도를 통해 아이는 다른 사람들과 같은 목표를 좇지 않아도 괜찮다는 사실을 알게 됩니다. 자신의 고유한 꿈을 펼칠 용기를 갖고, 위대한 목적을 가슴에 품을 수 있게 됩니다. 아이가 이룰 수 없는 꿈은 없다는 것을 알려주세요.

4장

아이가 잘못했을 때
훈육보다 필요한 것

아이가 어른이 돼서
어떻게 살기를 바라는가?

세상에 모든 부모는 자식에게 좋은 부모이고 싶습니다. 잘났든 못났든, 심지어 술주정뱅이도 자신이 그럴 수밖에 없는 상황을 아이가 이해해 주기를 바랍니다. 부족한 점이 많은 것을 알지만 그럼에도 불구하고 최선을 다하려고 합니다. 여기서 말하는 '좋은 부모'란 어떤 부모일까요?

누군가는 좋은 부모를 '친구 같은 부모'라고 생각할 수 있고, 누군가는 '희생하는 부모'라고 생각할 수 있습니다. 또 누군가는 아이를 '성공의 길로 안내하는 부모'를 좋은 부모라고 여길 수도 있고, 누군가는 아이와 원수가 되더라도 아이가 최고가 될 수 있도록 만드는 것이 좋은 부모의 역할이라고 여기기도 합니다.

저마다 좋은 부모가 되기 위해 노력하지만, 아이러니하게도 아이의 의견은 반영되지 않습니다. 아이가 어리다는 이유로 부모가 일방적으로 결정해 버립니다.

아이가 원하는 것은 친구 같은 부모가 아니라 기댈 수 있는 부모라면?

아이는 희생하는 부모보다 자신의 행복을 소중하게 여기는 부모를 원한다면?

아이는 시행착오를 겪더라도 자신의 인생을 스스로 개척하고 싶어 한다면?

아이는 최고가 되는 것보다 평범한 행복을 원한다면?

내 인생의 한 치 앞도 알 수가 없는데, 나와 다른 사람인 아이의 미래에 '이것'이 도움이 될 거라고 어떻게 확신할 수 있을까요? 아이의 생각은 무조건 틀리다고 단정할 수 있을까요?

첫째 아이가 초등 1학년 때의 일입니다. 저는 학교 수업 전 예습은 필수라고 생각하여 아이에게 매일 수학 문제집을 풀게 했습니다. 공부할 시간이라고 하면 순순히 잘 따르던 아이가 어느 날 반항의 눈빛으로 저를 보면서 말했습니다.

"왜 해야 하는데요?"

평소와는 다른 태도에 당황했습니다.

"학교에서 수업을 잘 따라가려면 엄마와 먼저 공부해야 해."

아이의 기세에 지면 안 된다는 생각에 의연한 표정으로 말하고 그날의 공부를 마무리했습니다.

며칠 후 회사에서 '자식은 마음대로 안 된다'라는 주제로 이야기를 하게 되었습니다. 이 사건에 대해 이야기하는데, 한 동료가 조심스럽게 말했습니다.

"억지로 공부시키지 마세요. 나중에 진짜 후회해요. 우리 엄마가 누나를 잘 키워보겠다고 초등학교 다닐 때부터 공부를 많이 시키셨는데 중학교 때 누나가 비뚤어졌어요. 중학교 때 탈선하면 무서워요. 진짜 답도 없어요. 엄마는 결국 누나를 포기했어요. 어르고, 달래고, 협박하고 다 해도 말을 안 들었으니까요. 엄마가 충격받아서 저는 오히려 내버려 두었는데 그래서 오히려 잘된 거라고 엄마도 인정하세요."

나중에 후회할 수도 있다는 말을 들으니 오래전 친구의 일이 생각났습니다. 중학교 때 동네 절에 설법을 들으러 다닌 적이 있습니다. 그때 스님의 말씀을 들으면 마음이 편안해진다면서 절에 열심히 다니던 친구가 있었는데, 어느 날 손에 붕대를 감고 와서 이유를 물었습니다.

"우리 집에서 나는 공부 못한다고 사람 취급도 못 받아. 서로 눈도 안 마주쳐. 부모님과 언니가 거실에서 웃으면서 사과를 깎아 먹는 걸 보니까 나만 빼고 행복한 것 같아서 미치겠더라고. 그래서 내 손바닥을 칼로 그었거든. 그때서야 엄마가 나를 봐주더라. 피가 뚝뚝 떨어지는데도 아빠는 그냥 방으로 들어가 버리셨어."

덤덤하게 말하는 친구의 모습에 마음이 아파서 친구들이 대신 울었습니다. 초등학교 때 친구와 언니 둘 다 똘똘해서 부모님의 기대가 크셨다고 합니다. 그런데 지금은 공부를 잘하는 언니만 예뻐한다고 말하는 친구의 상처받은 눈빛이 아직도 잊히지 않습니다.

성적이 좋지 않다는 것이 부모가 아이를 외면할 일인가요? 물론 처음부터 친구를 외면하지는 않으셨습니다. 중학생이 된 후 떨어지는 성적을 올리기 위해 더 많은 방법을 제안하셨지만, 친구가 따르지 못하자 크게 실망하고 화를 내셨던 것으로 기억합니다. 그리고 주변에 창피하다는 이유로 친구를 없는 자식 취급하면서 갈등은 깊어졌습니다.

대부분의 부모들은 아이가 공부를 잘하기를 바랍니다. 그래서 아이가 공부를 잘할 수 있도록 다양한 방법으로 지원합니다. 생활비의 상당 부분을 아이의 교육비로 지불하고, 없는 시간을 쪼개 직접 가르치기도 하며, 차로 등하원을 직접 해주기도 합니다.

그런데 아이를 돕기 전, 공부시키는 이유에 대해 생각해보면 좋겠습니다. '좋은 성적 = 성공'이라는 생각으로 아이가 공부를 잘하길 바라는 것인지, '공부 = 해야 할 일'이라고 생각해 최선을 다하길 바라는 것인지 말입니다.

모든 아이가 공부를 잘할 수는 없습니다. 당연하지만 1등은 한 명입니다. 공부를 잘한다고 성공하는 것도 아니고, 공부를 못한다고 실패하는 것도 아닙니다. 세상에는 다양한 직업이 있고, 각자 재능이 다릅니다.

"아이가 어른이 돼서 어떻게 살았으면 좋겠어요?"

어린아이를 둔 부모님들과 대화를 나눌 때 저는 이 질문을 던지곤 합니다. 이 질문에 즉각적으로 대답하는 부모님은 많지 않습니다. 대부분 고민하고 망설이다가 말합니다.

"하고 싶은 일을 하고 살았으면 좋겠어요."

"마음 편하게 살았으면 좋겠어요."

"할 말은 하고 살았으면 좋겠어요."

"경제적으로 여유가 있어서 즐기고 살았으면 좋겠어요."

이렇게 살기 위해서는 어떻게 해야 할까요?

'하고 싶은 일을 하면서 살기 위해서'는 아이 스스로 무엇을 하고 싶은지 알 수 있는 기회가 있어야 합니다. 또한 내가 진짜 하고 싶은 것과 그렇지 않은 것을 구분할 수 있는 능력도 필요합니다. 부모가 시키는 것만 한 아이는 자신이 진정 무엇을 원하는지 알지 못합니다.

'마음이 편한 어른으로 살기 위해서'는 힘든 상황에서 스트레스를 해소하는 법을 알아야 합니다. 긍정적인 관점으로 문제를 바라보고, 건강한 취미 생활 등을 통해 기분이 나아지는 것을 경험해야 합니다.

'할 말은 하는 어른이 되려면' 아이의 의견을 잘 들어주는 것이 중요합니다. 부모의 말에 말대답한다고 핀잔을 줄 것이 아니라, 자신의 생각을 조리 있게 말하는 아이를 격려해 주어야 합니다. 한 토크쇼에서 오은영 박사는 어린 시절 어머니에게 따박따박 따지는 것을 가만히 듣고 계시던 아버지가 "네 말도 맞다. 그런데 네가 말하는 태도는 옳지 않구나"라고 하셨다는 일화를 소개하면서 '네 말도 맞다'고 인정해 주셨던 것이 오늘날의 자신을 있게 했다고 하였습니다.

'경제적으로 여유가 있기를 바란다면' 경제교육이 필요합니다. 용돈기입장을 활용하여 수입과 지출을 관리하고, 어린이 경제도서를 통해 지식을 쌓게 합니다. 돈의 속성을 이해하고 돈을 버는 것뿐만 아니라, 계획적으로 사용하고 관리하는 것도 중요하다는 것을 알려주어야 합니다.

부모는 아이가 '어떻게' 살기를 바라는지 생각해보고 그에 대한 준비를 미리 해주고, 아이는 '무엇이' 되어서 어떻게 살지를 주도적으로 결정하면 됩니다. 그 '어떻게'에 100점 시험지, 상장처럼 눈에 띄는 성과가 필요 없어서 아쉽다면 다시 한 번 생각해보시길 바랍니다.

당신은 아이를 자랑하고 싶은 부모인가요?

아이가 행복한 어른으로 자라길 바라는 부모인가요?

문제 행동은
도움이 필요하다는 신호다

우리 집 둘째 아이는 참 야무집니다. 알려주지 않아도 뭐든 척척 해내고 한글도 어깨너머로 배웠습니다. 다섯 살에는 몸에 좋은 음식과 나쁜 음식을 스스로 구분해서 먹고, 말도 조리 있게 잘해 저도 모르게 아이의 나이보다 더 큰 아이처럼 대하게 됐습니다.

아이는 초등학교에 입학하기 전부터 혼자 목욕을 했는데, 머리를 감고 말리는 것까지 할 수 있었습니다. 그런 아이가 세수만 하면 위아래 옷을 모두 흠뻑 젖게 만드는 것을 이해할 수 없었습니다. 세수를 할 때마다 일부러 빨랫거리를 만든다는 생각에 "왜 자꾸 옷을 다 젖게 하니?"라고 물었습니다. 그러자 아이의 "엄마, 저도 안 젖게 하고 싶은데 아무리 조심해도 자꾸 옷이 젖어요"라는 말을 듣고 '아차' 싶었습니다.

아이는 세수할 때 옷의 소매를 걷어 올리고 허리를 숙여야 한다는 것을 모르고 있었습니다. 엄마가 세수를 시켜줄 때는 목에 수건을 두르고 똑바로 서 있었고, 목욕을 할 때는 옷이 젖는 것을 신경 쓰지 않아도 되니 세수할 때 허리를 숙이는 일이 아이에게 당연하지 않았던 것입니다.

한 가지를 잘한다고 다른 것도 잘하는 것은 아닙니다. 아이니까 못하는 것이 당연합니다. '이런 것까지 알려줘야 하나?'라는 생각이 들 만큼 자세히 알려줘야 할 때도 있습니다. 아이가 어릴 때는 모든 과정을 단계별로 알려주는데, 스스로 할 수 있는 범위가 넓어지다 보니 아이가 모를 수도 있다는 것을 간과하는 경우가 생깁니다.

의사 표현을 잘하는 아이라도 거절하는 방법을 알려줘야 합니다. 아이는 거절을 하면 상대가 자신을 싫어하게 되거나 상처 주는 행동이라고 여길 수 있습니다. 하지만 거절은 자신의 마음을 지키는 방법입니다.

둘째 아이가 7살 때 놀이터에서 그네를 타는데 5살쯤 되어 보이는 아이의 엄마가 딸에게 부탁을 한 적이 있습니다. "동생에게 양보 좀 해줄래?"라는 말을 듣고 딸은 그네를 양보하고 나서 제게 안겨서 울어버렸습니다. 동생에게 양보를 해야 착한 아이인 것 같아서 양보했는데 더 타고 싶었던 것입니다.

"양보하기 싫을 때는 싫다고 말해도 괜찮아. 네 마음은 소중하니까 솔직하게 말해도 돼. 솔직히 말하는 건 나쁜 게 아니야"라는 말을 듣던 아이의 표정은 경이로운 사실을 발견한 듯했습니다.

거절하지 못해서 힘들어하는 아이에게 "큰 목소리로 또박또박하게 말해!"라는 말은 너무 어려운 주문입니다. 큰 목소리로 싫다고 하지 않아도 괜찮습니다. 작은 목소리라도 의사 표현을 하는 것이 중요합니다. "목소리가 작아도 괜찮아. 네 마음을 표현하는 게 중요한 거야"라고 알려줄 필요가 있습니다.

아이가 자라면서 거짓말을 하거나, 물건을 훔치거나, 학원에 빠지거나, 부모의 말에 반항하는 등의 문제 행동을 보이는 경우가 있습니다. 아동발달학자와 심리학자들은 이러한 행동을 스트레스에 대한 아이의 생존반응으로 해석합니다. 다시 말해 문제 행동은 도움이 필요한 아이가 보내는 신호일 수 있습니다.

3세부터는 아이가 좋고 싫음을 명확하게 표현하기 시작하고,

자신의 경계를 설정하기 시작합니다. 6세 이후에는 더 독립적이 되면서 자기 인식이 강화되고, 육체적·정신적 경계가 분명해집니다.

이러한 시기에 아이를 도와주려면, 아이를 바꾸려고 애쓰지 말고 환경을 바꾸려 노력해야 합니다. 자신의 경계가 침해당한다고 느끼면 훈육은 아이의 마음에 닿지 않습니다. 무엇이 옳은지가 중요한 것이 아닙니다. 자율성이 침해되거나 결정권이 박탈되는 상황에서 아이는 좌절하고 분노하게 됩니다. 그래서 자신도 모르게 반항하게 되는 것입니다.

아이가 자신의 어려움을 문제 행동으로 표현하기 전에 먼저 알아차리면 좋겠지만 그 이후라도 괜찮습니다. 비록 처음에 기회를 놓쳤어도 방법을 배우면 됩니다. 아이의 어려움을 알아차리려면 어떻게 대화를 해야 할까요? 가까운 지인의 이야기입니다.

"우리 아이가 6학년인데 하루가 멀다 하고 배가 아프다고 해서 한동안 고민이 많았어요. 학교에 가서도 아프다며 조퇴하는 일이 잦고, 등교하지 않는 날도 있었어요. 학교를 다녀온 날은 자꾸 학원에 빠지려고 하고요."

아이를 윽박지르거나 다그치는 것은 좋은 방법이 아닌 것 같아 책에서 본 대로 아이의 생각을 물어보았다고 합니다.

"힘들면 학원 끊어?"

엄마의 말에 아이는 오히려 짜증을 내며 계속 학원을 다닌다고 대답했습니다. 무엇이 문제일까요? 초등학교 6학년은 사춘기로 진입하는 시기입니다. 그래서 자신의 경계를 침해당하는 것에 예민하게 반응하기도 합니다. 엄마의 제안이 마치 자신의 문제를 엄마가 결정한다는 생각이 들어 반항을 한 것입니다. 대화법의 문제를 깨달은 그녀는 질문을 바꾸었습니다.

"요즘 힘들어 보여서 걱정돼. 이대로는 힘들 것 같은데 어떻게 하고 싶은지 네 생각이 궁금해."

"엄마, 수학 학원은 계속 다니고, 다른 과목은 혼자 해도 될 것 같아요."

그녀는 아이가 말한 대로 학원을 정하고 난 후, 아이의 스트레스성 복통 증상이 사라져 학교도 잘 다니고 있다고 했습니다.

문제를 해결하는 주체는 엄마가 아닌 아이여야 합니다. "네 생각이 궁금해"라는 말은 문제를 해결하는 주체가 자기 자신이라고 여기게 합니다. 아이의 발달이 점점 빨라져서 여자 아이의 경우 초등 4학년이면 사춘기가 시작됩니다. 아이마다 차이는 있지만 과거보다 그 속도가 빨라진 것을 인정하지 않을 수 없습니다.

그만큼 아이의 변화와 성장을 인식하지 않으면 이유 모를 반항에 당황할 일이 생길 수 있습니다. 그래서 아이가 자랄수록 아이와 깊이 있는 대화를 나눠야 합니다. 모르는 것을 알려주면서 경계를 침해당한다고 느끼지 않게 하려면 아이를 충분히 이해하고 있어야 가능하기 때문입니다.

대화의 시작이 어려울 때는 부모의 일상을 아이에게 이야기해보는 것이 좋습니다. 부모의 하루를 들은 아이도 자신의 일상을 나누게 됩니다. 서로 일상을 이야기하는 것이 자연스러우면 어른이 되어서도 부모와 속 깊은 대화를 할 수 있게 됩니다. 아이는 계속 성장하고 있고, 여기에 따라 부모도 함께 성장해야 한다는 사실을 기억하시길 바랍니다.

감정을 잘 다스리는
아이로 키우려면

보복운전은 자신에게 피해를 입힌 사람에게 앙갚음하기 위해 고의적으로 위협하며 위험하게 하는 운전을 말합니다. 경찰청 통계에 따르면 매년 우리나라에서는 약 5000건의 보복운전 사례가 발생하고 있습니다. 운전 중에 순간적인 화를 참지 못하고 타인을 위협하는 행동이 이렇게 빈번하게 발생한다는 것은 놀라운 일입니다. 이처럼 화를 참지 못하고 타인과 자신의 안전을 위협하는 행동은 성인이 되었을 때 더 큰 문제가 됩니다.

스스로 감정을 조절하는 것을 감정을 다스린다고 합니다. 어린 시절에 감정을 어떻게 배우고 다루었느냐에 따라, 평생 감정에 휘둘리기도 하고 감정을 잘 다스릴 수 있게 되기도 합니다. 아이에게 감정을 다스리는 법을 어떻게 알려줄 수 있을까요?

감정을 말로 표현하는 연습을 해야 합니다. 의외로 자신의 감정을 정확하게 말로 표현할 수 있는 사람이 많지 않습니다. 즐거움, 화남, 우울함, 슬픔, 외로움, 기쁨, 행복함 등 몇 단어를 사용하고 나면 더 이상 감정 언어를 떠올리지 못하는 것이 대부분입니다.

어른이 감정 언어를 이해하는 것보다 아이가 미묘하고 추상적인 감정 차이를 표현하는 것은 더 어려울 수 있습니다. 따라서 어릴 때부터 감정 표현에 대한 연습이 필요합니다.

아이는 감정을 알아차리는 방법을 편안하게 배워야 합니다. 감정을 알아차리는 것이 기분 좋은 것임을 알아야 합니다. 기분을 표현하는 방법은 색깔뿐만 아니라 맛, 날씨 등 다양합니다. 무엇으로 표현해도 좋습니다. 아이가 쉽고 편하게 표현할 수 있는 방법을 선택하면 됩니다.

처음은 어렵습니다. 기분을 갑자기 색으로 표현하라고 한다면 아이는 눈만 말똥말똥 뜨고 있을 수 있습니다. 이때는 먼저 시범을 보여주세요.

"엄마의 기분은 하늘색이야. 이유는 없어. 기분을 생각하니까 그냥 하늘색이 떠올랐어. 너의 기분은 무슨 색이야?"라고 부모가 먼저 예를 들어 말하면 아이는 쉽게 감정을 색으로 표현할 수 있게 됩니다.

"오늘 너의 기분을 색으로 표현한다면 무슨 색이야?"
"오늘 제 기분은 초록색이에요."

이때 기분이 초록색인 이유는 묻지 않아도 됩니다. 이유가 분명한 경우도 있겠지만, 정확하게 설명하지 못할 수 있습니다. 아이의 기분을 색으로 표현하게 하는 것은 부담을 주지 않고, 자연스럽게 감정을 알아차리는 연습을 하기 위함입니다. 그런데 그 이유를 엄마가 자세히 알려고 물으면 아이는 기분을 표현하는 것이 편하지 않습니다.

아이가 이렇게 표현하는 것이 익숙해졌다면, 그 다음에는 감정의 단어와 색을 함께 말하는 시범을 보여주세요.

"오늘은 엄마 기분이 좋아. 색깔로 표현하면 분홍색이야."

사람마다 좋아하는 색이 다른 것처럼 같은 감정이라도 떠오르는 색은 사람마다 다릅니다. 이렇게 감정을 인식하는 연습을 하고 감정 단어를 함께 배우는 것입니다.

3~5살의 아이에게는 날씨로 감정을 설명하는 것도 좋습니다.

"오늘 엄마 기분은 해님이 쨍쨍이야."
"엄마는 지금 구름이 잔뜩 낀 하늘 같아. 우울해."

또는 "엄마의 지금 기분은 불볕더위야. 이글이글 뭐든 다 해치울 수 있을 것 같은 기분이지!" 하며 흥미 요소를 추가해도 좋습니다. 아이가 긍정적인 감정뿐 아니라 부정적인 감정도 편하게 말할 수 있는 분위기를 만들어 주어야 합니다.

부모가 아이의 부정적인 감정을 마주하기 불편하다고 해서 그 감정을 무시하고 부정하는 말을 해서는 안 됩니다. 모든 감정은 다 옳고, 세상에 나쁜 감정이란 없습니다. 단지 표현 방법이 자신 또는 타인에게 피해를 줄 경우 문제가 되는 것입니다. 아이가 감정을 제대로 알고 느낄수록 감정 다스리기는 수월해집니다.

또한 다른 사람이 감정을 알아주면 해소가 됩니다. 엄마가 아이의 감정을 공감하고 이해해주면 격한 감정이 누그러집니다. 아이는 이 경험을 통해 온전히 자신의 감정을 아는 것이 도움이 된다는 사실을 배우게 됩니다.

'감정을 알아준다'는 것은 감정의 이름을 불러주는 것입니다.

"화가 나 보여. 화가 난 이유를 말해줄 수 있어?", "슬퍼 보여. 무슨 일 있어?"라고 아이의 감정을 표현하고 질문하면서 대화를 시작할 수 있습니다. 아이의 감정이 어느 정도 해소되면 자신의 감정을 마주볼 수 있게 됩니다.

감정을 다스리는 첫 번째 단계는 '감정 마주하기'입니다. 감정에 이름을 붙이고 똑바로 마주했다면 두 번째는 '감정(슬픔, 화, 외로움 등)을 받아들이고 인정하는 것'입니다. 마지막으로 감정을 온전히 느끼면 그 감정에서 빠져나올 수 있습니다.

이 과정의 핵심은 부모가 아이의 감정을 정확히 읽고 적절하게 표현해주는 것입니다. 아이의 감정을 이해하려면 관심을 가지고 지켜봐야 합니다. 아이는 화가 났는데 '긴장했어?'라고 물어보면 잘못 알아차린 것입니다. 감정을 잘못 알아차리면 감정에 공감하고 머무를 수 없습니다. 핵심 감정의 주변만 맴도는 느낌이 듭니다. 그래서 아이와 부모 모두 감정 단어를 많이 알수록 감정을 다스리는 데 유리합니다. 감정은 매우 다양하고 세분화되어 있습니다.

긍정적인 감정

가벼움, 가뿐함, 감격, 감동, 감미로움, 감사함, 경쾌함, 고마움, 기분 좋음, 기쁨, 놀라움, 눈물겨움, 다정함, 담담함, 당당함,

든든함, 따사로움, 만족스러움, 명랑함, 뭉클함, 반가움, 밝음, 벅참, 뿌듯함, 사랑스러움, 살맛 남, 상냥함, 상쾌한, 순수함, 시원함, 신나는, 애틋함, 유쾌함, 좋은, 즐거움, 짜릿한, 친숙함, 쾌적함, 쾌활함, 통쾌함, 편안함, 포근함, 푸근함, 행복, 호감, 홀가분함, 환상적, 후련함, 흐뭇함, 흥분됨 등

부정적인 감정

가혹함, 고생스러움, 고통스러움, 골치 아픔, 공허함, 괘씸함, 괴로움, 권태로움, 귀찮음, 근심, 기분 나쁨, 기분 상함, 긴장됨, 꼴사나움, 낙담, 넌더리 남, 노여움, 당황스러움, 두려움, 마음이 무거움, 무기력함, 무서움, 배신감, 버거움, 복수심, 부끄러움, 불만스러움, 불안함, 불편함, 불행함, 서글픔, 서러움, 섬뜩함, 소름 끼침, 속상함, 숨 막힘, 실망, 쓸쓸함, 암담함, 의기소침함, 절망감, 절박함, 조마조마함, 좌절스러움, 초라함, 초조함, 패배감 등

기타 감정

간절함, 고립감, 기가 죽음, 다행스러움, 멋쩍음, 모호함, 미심쩍음, 미안함, 미적지근함, 바람, 부담스러움, 소망함, 수줍음, 어색함, 엉뚱함, 예민함, 유감스러움, 태연함, 호기심, 후회스러움 등

아이가 어떤 감정에 휩싸여 있다면, 감정에 이름을 붙여주고 인정하며 공감을 통해 그 감정에 함께 머물렀다가 빠져나오는 과정을 함께해 주세요. 지식은 말과 글로 가르칠 수 있지만, 감정을 다스리는 법은 그 순간을 오롯이 공감하고 공유해야 알려줄 수 있습니다.

저는 아이와 감정을 공감하는 순간 우리 둘만의 캡슐 안에 들어가 있는 느낌이 듭니다. 따뜻하고 포근하고 세상에서 제일 안전한 캡슐이요. 아이가 저와 감정을 나누는 것을 좋아하는 걸 보면 아이도 저와 비슷한 기분을 느끼는 것 같습니다. 힘들었던 감정도, 아팠던 감정도 이름을 불러주면 가벼워질 수 있다는 것을 알려주세요. 엄마와 함께 감정을 마주한 경험은 훗날 아이 스스로 감정을 다스릴 수 있게 할 것입니다.

잔소리와
조언의 차이

얼마 전 딸아이가 "엄마는 잔소리가 너무 심해요"라고 말해서 놀랐습니다. 저는 잔소리를 많이 하지 않는 편이라고 생각했기 때문에 충격이 더 컸습니다. 딸이 뒤이어 말했습니다.

"그런데 엄마보다 아빠 잔소리가 더 심해요."

이 말에는 저도 고개를 끄덕였습니다. 잔소리하지 않는 엄마 대신 아빠의 잔소리가 요즘 부쩍 심해진 것을 느끼고 있었기 때문에 아이의 시선이 제법 객관적이라고 여기게 되었습니다. 그리고 '내가 나에게만 관대한 기준을 적용하고 있는 것은 아닐

까? 아이가 엄마는 잔소리가 심하다고 말한 이유가 있지 않을까?' 생각해보게 되었습니다.

저는 아이들의 잘못된 부분을 바로잡고 올바른 방향으로 키우기 위해 잔소리가 아닌 조언을 한다고 생각합니다. 그런데 제가 하는 조언이 정말 조언일까, 잔소리일까 생각해 보았습니다. 잔소리는 쓸데없이 자질구레하게 늘어놓는 말을 뜻합니다. 필요 이상으로 듣기 싫게 꾸짖거나 참견하는 말이기도 합니다. 반면, 조언은 말로 거들거나 깨우치도록 돕는 말입니다.

제 기준에서는 조언이지만, 아이에게 듣기 싫은 말이었거나 깨우침을 얻는데 도움이 되지 않았다면 충분히 잔소리라고 여길 수 있습니다. 그런데 아이러니하게도 저는 조언을 꽤 잘하는 사람입니다. 부모 상담을 하거나 지인과 대화를 하고 나면 '생각하지 못했던 부분을 알게 되어 고맙다'는 인사를 수도 없이 받습니다. 대화를 하면서 스스로 답을 찾아가게 하는 질문을 하고, 이를 통해 생각을 이끌어내 그런 피드백을 받는 것 같습니다.

그러나 아이와 이야기할 때는 스스로 깨우치게 하는 질문을 하기보다는 내가 내린 판단을 은근히 강요하고, 어떤 것이 옳고 그른지 직접 전달했습니다. 아이가 제 생각대로 행동하도록 유도하기도 했습니다. 타인과 내 아이를 대할 때 이것이 가장 큰 차이점이었기 때문에 아이는 엄마에게 잔소리를 많이 한다고 여기게 된 것입니다. 초등 저학년이라 어리다고만 생각했는데, 어느새 아이는 스스로 생각할 기회를 주지 않는 말은 무조건 수용하지 않을 만큼 성장해 있었습니다.

존 가트맨 박사는 잔소리를 하는 이유 중 하나로, 내가 한 요청이나 걱정하는 문제가 해결되지 않을 때 좌절감이나 무력감을 느끼기 때문이라고 말했습니다.

특히 자신의 말이 아이에게 진지하게 받아들여지지 않는다고 느낄 때 잔소리를 더 많이 하게 됩니다. 그래서 잔소리는 '내 말을 아이가 존중해서 받아들일 것이다'라는 신뢰가 무너졌음을 나타내는 신호가 되기도 합니다. 이는 부모와 자녀가 '정서적으로 연결된 정도가 약하다'는 근본적인 문제를 생각해봐야 한다는 것을 시사합니다. 가트맨 박사는 이러한 근본적인 문제를 돌아보고 해결하면 잔소리의 빈도와 강도가 줄어들고, 소통 만족도를 높일 수 있다고 했습니다.

장난감을 어지른 아이에게 "장난감 치워야겠어"라고 말할 때 처음부터 잔소리를 해야겠다고 결심하는 부모는 없습니다. 한 번 말했지만 아이가 대답만 하고(또는 대답도 하지 않고) 치우지 않으면 내 말을 제대로 듣기는 했는지 의심스러워집니다. 그리고 아이가 얼른 치우게 해야겠다는 생각에 더 크고 강하게 말합니다. 하지만 이렇게 말하는 것은 스스로 말의 무게를 떨어뜨리는 것입니다. 엄마의 말은 한 번에 듣지 않아도 되는 말, 조금 더 어조가 강해졌을 때 들으면 되는 말이 되어버릴 수 있습니다.

"장난감 치워야겠어"라는 말을 듣고 아이가 바로 행동하지 않는 것은 당연한 일일 수 있습니다.

첫째, '치워야겠어'는 엄마의 생각이고 아이의 생각과는 다를 수 있습니다. 명령조로 말하지 않으려는 엄마의 배려가 오히려 말의 전달력을 떨어뜨립니다.

둘째, 이 말에는 언제까지 치워야 하는지 시점이 명확하게 담겨 있지 않습니다. 따라서 지금 당장 장난감을 치우지 않은 아이의 행동이 잘못된 것은 아닙니다.

엄마의 말이 한 번에 효과적으로 전달되려면, 이야기하고자 하는 내용을 명확하게 표현해야 합니다. 그렇지 않으면 엄마는 아이가 내 말을 존중하지 않는다고 생각하게 되고, 아이는 엄마를 알 수 없는 이유로 화내는 사람으로 여기게 됩니다. 같은 상황을 바라보는 다른 관점은 부모와 자녀 사이의 신뢰를 무너뜨리는 원인이 되기도 합니다.

또 지시를 내릴 때 부정어인 '~하지 마'가 아니라 긍정어인 '~해'로 말하는 것이 아이에게 더 전달이 잘됩니다. 뛰는 아이에게 "뛰지 마"가 아니라 "조용히 걸어"라고 말하고, 형제와 다투는 아이에게는 "싸우지 마"가 아니라 "사이좋게 지내"라고 말해야 아이의 행동이 더 잘 고쳐집니다.

사람의 뇌는 부정어를 인식하지 못합니다. 뇌는 복잡한 것을 싫어하고 단순한 것만 좋아하기 때문입니다. '노란 꽃을 생각하지 마세요'라는 말을 듣고 노란 꽃이 생각나는 것이 그 증거입니다. 뇌는 '노란 꽃을 생각'까지만 듣고 일하기를 멈춥니다.

따라서 가능하면 아이에게 부정어로 말하지 말고 긍정어로 말해야 합니다. 물론 쉽지 않습니다. 우리는 '하지 말라'는 말이 더 익숙하고 편하기 때문입니다. 하지만 내가 지금 아이에게 말하는 이유가 아이가 잘못된 행동을 멈추고 바른 행동을 하기 바라기 때문이라는 것을 기억해야 합니다.

일어나지도 않은 미래의 일을 상상하면서 "너 이러다 사람 구실 못할까봐 걱정되서 그래"라고 하는 것은 아이에게 전혀 도움이 되지 않습니다. 이 말을 자신의 미래를 걱정하는 부모의 지극한 사랑으로 받아들이는 아이는 한 명도 없습니다. 아이에게 닿지 않을 걱정을 늘어놓지 말고 원하는 것을 말하세요.

"우리 아이는 백 번을 말해도 듣지 않아요"라고 말하는 분이 있다면, 백 번을 말했기 때문에 그렇다고 말씀을 드리고 싶습니다. 한 번을 말하더라도 효과적으로 말해야 아이는 부모의 말을 잔소리로 여기지 않습니다.

존 가트맨 박사는 잔소리가 관계에서 긴장과 갈등의 중요한 원인이 될 수 있음을 밝히기도 했습니다. 그는 조언이 사랑하는 사람을 지원하고 돕는 효과적인 방법이라고 하였는데, 좋은 조언을 위한 조건이 있습니다.

1. 경청

조언을 하기 전에 아이의 말을 잘 들어야 합니다. 아이의 문제가 무엇인지 정확하게 알아야 적절한 조언을 할 수 있습니다. 아이의 이야기를 들을 때는 중간에 끊지 말고 입장을 바꿔서 들으려 노력합니다.

2. 질문하기

아이의 이야기를 듣고 궁금하거나, 잘 이해가 되지 않는 점에 대해서 다시 질문합니다. 엄마의 질문에 답하면서 아이는 자신의 생각을 정리합니다.

3. 공감하기

조언의 단계에서 꼭 필요한 과정입니다. '내가 너의 마음을 충분히 공감해'라는 것을 표현해야 합니다. 아이의 문제를 진지하게 고민하고 있다는 것을 알게 합니다.

4. 안내 제공

아이와의 대화를 바탕으로 어떻게 하면 좋을지 '안내'를 하는 것입니다. 안내는 간단하고 명확하게 하는 것이 좋습니다. 이때 안내만 할뿐 지시하거나 명령하는 것이 아닙니다.

5. 객관성 유지

아이에게 충고를 해야 하는 경우도 있습니다. 그럴 때는 최대한 객관적인 입장에서 이야기해야 합니다. 화를 내거나 짜증을 내면서 감정적으로 말하는 것은 조언이 아닙니다.

6. 존중하기

엄마의 안내를 듣고, 그대로 할지 하지 않을지는 오롯이 아이의 선택입니다. 엄마의 바람대로 아이가 결정하지 않았더라도 그 결정을 존중합니다.

조언은 자신에게 일어난 일의 상황을 설명할 수 있는 만 5세 아이부터 가능합니다. 좋은 조언은 문제에서 한 발 물러나 다양한 관점으로 상황을 바라보고 생각할 수 있는 힘을 길러줍니다.

더 나은 해결법을 찾아본 경험은 앞으로 다른 어려움에 부딪쳤을 때 경험이 많고 지혜가 깊은 사람에게 조언을 구하게 합니다. 아이가 어릴 때 부모 또는 선생님에게 조언을 구했다면, 성인이 되어서는 책이나 전문가에게 조언을 구하게 될 것입니다.

　나에게 어려움이 닥쳐도 함께 고민하고 상담할 수 있는 존재가 있다는 믿음은 불안과 스트레스를 줄여줍니다. 예측할 수 없는 상황도 함께해주는 든든한 조력자가 있다는 것은 삶에 큰 위로가 됩니다. 그래서 아이가 쉽게 움츠러들지 않고 자신감 있게 세상으로 나아가게 합니다.

5

육아에 정답은 없지만
오답은 있다

전문적으로 부모 교육 및 학생 상담을 하기 전부터 교사자
격증에 감정코칭 강사, 하브루타 지도사, 부모교육 지도사, 아동
심리 상담사, 분노조절 상담사 자격증까지 가지고 있던 저는 별
난 엄마였습니다. 아이에게 도움이 되고 싶은 마음 하나로 제법
많은 공부를 했습니다. 이후 현장 경험이 쌓이면서 교육학이론,
부모교육이론, 아동심리학이론들 사이에서 말하는 좋은 육아의
4가지 공통점을 찾을 수 있었습니다.

1. 육아는 균형이 중요하다.

작년에 영재원을 마치고, 발명센터에 다니고 있는 첫째 아이는 느린 아이였습니다. 학습 속도가 느렸던 아이는 수업시간에 풀지 못하는 문제가 많았습니다. 짝꿍의 대수롭지 않은 "너는 이것도 몰라?"라는 말에 상처받기도 했습니다.

아이가 어릴 때는 주변의 시선과 평가를 부모가 통제할 수 있습니다. 그래서 아이의 자신감을 부모가 만들어줄 수 있습니다. 하지만 아이가 자라면 스스로 비교하고 판단하기 시작합니다. 부모가 아무리 아이의 마음을 알아줘도 위로받지 못합니다. "넌 대단해", "너는 똑똑해"라고 말해도 사실이 아니라고 생각합니다. 자신이 경험하고 있는 일상과 동떨어진 말이기 때문입니다.

그래서 아이와 집에서 공부를 시작했습니다. 연산문제집 푸는 것에 집중해 진도를 빠르게 나갔습니다. 한 달 만에 1학기 문제집 한 권을 마치자 아이가 변했습니다. 처음에 속도가 더디고 하나만 틀려도 울던 아이의 눈빛이 달라졌습니다.

"지훈이 알고 보면 수학 천재 아니야? 어떻게 한 학기 동안 해야 되는 문제집을 한 달 만에 풀었지?"

스스로 생각해도 대단한 일이니 엄마의 칭찬을 입에 발린 말이 아닌 진심에서 우러난 말로 받아들이기 시작했습니다. 2학기 문제집을 풀 때는 많이 틀렸지만 아이는 의기소침해지지 않았습니다.

"엄마, 아직 학교에서 안 배운 거니까 지금은 틀릴 수 있지요? 이제 공부해서 안 틀리면 되지요?"

오답 스트레스가 없어지자 점차 공부에 재미를 붙일 수 있게 되었고, 자칭 수학 천재라고도 하며 성장을 즐기게 되었습니다.

공부 스트레스 때문에 힘들어하는 아이들을 자주 봅니다. 아이들은 부모가 공부만 중요하게 여기고, 자신의 마음을 몰라준다고 말합니다. 아이의 미래를 위한다면 공부만 강조해서는 안 됩니다. 반대로 아이와의 좋은 관계만 우선시하면 아이는 성취감을 느낄 수 없습니다. 둘 중 하나만 있으면 아이를 성장시킬 수 없습니다. 육아는 균형이 중요합니다.

2. 부모가 롤모델이 되어라.

아이에게 알려주고 싶은 것은 많지만 전부 설명해줄 수는 없습니다. 너무 많은 가르침은 아이에게 잔소리로 들려 정작 중요한 메시지도 전달되지 않게 하기 때문입니다. 아이는 부모의 말이 아닌 일상을 보고 배우는 것이 더 많습니다.

집에서 일을 하다 힘들어 아이에게 "엄마 힘나게 해줘"라고 하면 두 팔을 벌려 안아줍니다. 제가 공부하기 힘들어하는 아이들을 응원하는 방법입니다.

저희 아이들은 각자의 노래가 있습니다. 임신했을 때 튼살 크림을 바르면서 불러주던 노래를 초등 고학년이 된 지금도 불러주고 있습니다. 아이들은 이 노래를 '내 노래'라고 말합니다. 물론 제가 작사, 작곡한 노래는 아니고 원래 있던 노래에 아이들 이름을 넣어 가사만 바꿔줬을 뿐입니다. 그런데도 아이들은 마음이 힘든 날, 속상한 날, 위로받고 싶은 날 "엄마, 내 노래 불러줘요"라고 말합니다. 아이를 품에 꼭 안고 도닥이며 노래를 불러주면 곧 "이제 괜찮아요. 기분이 나아졌어요"라고 말합니다.

한 번은 피곤해서 먼저 자려고 누웠더니 아이가 제 침대 옆에서 노래를 불러줍니다. "지훈이는 엄마를 많이 사랑해~"라고 부르는 노래는 제가 아이가 잠들기 전 "엄마는 지훈이를 많이 사랑해~"라고 불러주는 노래를 개사한 것입니다. 아이는 부모가 의도하지 않은 모든 말과 행동을 보고 배우고 있습니다.

3. 아이의 고유함을 인정하라.

아이 둘을 키우지만 같은 유전자의 결과물이 맞나 싶을 만큼 성향, 취향, 문제해결 방법, 표현 방식 등이 서로 매우 다릅니다.

저희 집은 거실에 TV가 있지만 TV를 보는 사람은 없습니다. 부부 모두 책을 읽는 것을 좋아해 아이들은 책을 읽고 공부하는 부모를 보고 자랐습니다. 그 덕분인지 첫째 아이는 책을 매우 좋아합니다. 다음에 이사를 간다면 왼쪽에는 서점, 오른쪽에는 도서관이 있는 곳으로 가고 싶다고 할 만큼 책을 사랑합니다.

그런데 둘째 아이는 책을 좋아하지 않습니다. "엄마, 도서관에 가요"라고 말하는 오빠 옆에서 "나는 도서관 가기 싫어"라고 말합니다. 그래도 저희 부부는 아이에게 도서관이 좋은 곳이라고 강요하지 않습니다. "둘이 가위바위보 해. 이기는 사람이 원하는 곳으로 갈게"라고 말합니다. 그리고 결과가 어떻든 그곳에서의 시간을 만끽하길 부탁합니다.

"우리 가족이 함께 있으면 어디든 좋은 곳이지. 이왕 가는 거 기분 좋게 즐기는 게 현명한 사람이야. 그 순간을 어떻게 보내느냐는 자신이 결정하는 일이니까."

아이의 고유함을 인정하는 것은 아이가 하고 싶은 대로 다하게 두는 것이 아닙니다. 각자의 고유함은 인정하되 상대방을 배려하는 태도 또한 중요하다는 것을 알려줘야 합니다.

4. 육아에 정답은 없지만 오답은 있다.

아이에게 도움이 되는 육아법은 매우 많지만 정답은 없습니다. 아이의 기질과 특성, 엄마의 성향, 가정환경에 따라 맞춤 육아가 필요하기에 육아는 어렵습니다. 하지만 누구에게나 해당하는 오답은 있습니다.

말이 느렸던 첫째 아이는 30개월까지 '엄마'라는 단어만 말할 수 있었습니다. 언어치료를 시작하면서 저의 문제점을 알 수 있었습니다. 첫 번째는 제 말이 너무 많고, 빠르다는 것이었습니다. 아이에게 언어 자극을 주려고 하는 많은 말들이 도움이 되지 않았던 것이었습니다. 그래서 짧고 간단하게, 천천히 말하는 것으로 바꾸었습니다.

두 번째는 아이가 말하지 않아도 척척 해주는 엄마였다는 것입니다. 눈치가 아주 빠르고 성격 급한 엄마인 저는 아이가 '어' 소리만 하면 모든 것을 해주고 있었습니다. 제 문제점을 알고 난 후에는 아이를 좀 불편하게 하는 육아로 바꿨습니다. 말하지 않으면 원하는 것을 할 수 없는 환경을 만드는 방법이었습니다.

육아의 오답만 피해도 기본은 할 수 있습니다. 다음은 반드시 피해야 하는 육아의 오답입니다.

1. 아이에게 여과 없이 감정 쏟아내기

"이게 다 너 때문이야!"

"너가 모든 걸 망쳤어!"

2. 아이를 무시하는 말과 태도

"너가 뭘 안다고 그래?"

"커서 뭐가 되려고!"

3. 아이 스스로 할 기회를 주지 않기

"엄마가 해놓고 부를게."

"그냥 엄마가 할게."

4. 아이의 말을 들어주지 않기

"지금 그게 중요하니?"

"나중에 말해."

5. 책임을 알려주지 않기

"공부 안 해도 먹고살 수 있게 해줄게."

"힘들면 관둬."

며칠 전 첫째 아이가 100점을 받은 시험지를 가방에서 자랑스럽게 꺼내 왔습니다. 시험지에는 황금 스티커가 붙어 있었습니다.

"축하해. 열심히 공부한 보람이 있네! 기분이 어때?"

"당연히 좋죠!"

"황금 스티커는 누가 붙인 거야?"

"선생님이 100점이라고 붙여 주셨어요. 여기에 따봉은 제가 그렸어요!"

다시 보니 황금 스티커 안에 엄지손가락이 위로 올라간 손 그림이 있습니다. 그림에서 아이의 뿌듯함이 느껴집니다.

"황금 스티커에 따봉이 있으니까 더 멋지다! 찰떡같이 어울리네. 그림 센스도 최고야."

엄마의 진심 가득한 칭찬에 아이는 씨익 웃습니다. 만들어진 것이 아니라, 아이 스스로 만들어낸 자신감 넘치는 미소가 멋집니다.

저는 제 육아의 오답을 비교적 빨리 발견하여 다행이라고 생각합니다. 여러분도 아이가 더 나아지길 바라는 부분이 있다면 육아의 오답대로 하고 있지는 않은지 체크해 보시길 바랍니다. 만일 그렇다면 부모가 먼저 변하면 됩니다. 그러면 아이도 달라집니다. 아이의 성장에 늦은 때란 없습니다.

공부에서 점수보다
중요한 것들

부모 강연에서 빠지지 않고 나오는 질문이 있습니다.

"공부의 필요성을 어떻게 설명하면 좋을까요?"

온라인 강의에서 이 질문이 나오면 '저도 궁금해요', '설명하기 어려워요'라는 댓글로 채팅창이 바빠집니다.

공부는 왜 해야 할까요? 우리는 공부를 하면서 인지력, 사고력, 비판적 사고력 등을 기를 수 있습니다. 이러한 능력은 더 나은 선택을 할 수 있도록 도와주고, 문제를 더 효과적으로 해결할 수 있게 해줍니다. 또한 자신의 열정과 재능을 발견하고, 꿈을 이루는 데 필요한 지식과 기술을 배울 수 있습니다.

게임을 만들 때도 수학 공식이 필요합니다. 포탄을 쏘면 포물선을 그리며 목표물을 폭파시키는 게임 '앵그리 버드'에는 미적분의 원리가 활용됩니다.

내 사업을 세계적으로 키우고 싶은 꿈이 있다면 영어 실력은 필수입니다. 더불어 세계 마켓을 목표로 한다면 그 나라의 환경과 문화도 알아야 합니다. 냉장고를 북극에서 판매하는 것과 아프리카에서 판매할 때 마케팅 포인트는 달라야 하고, 그것을 이해하기 위해서는 공부가 필요한 것입니다. 이처럼 공부는 아이가 하고 싶은 일을 더 잘할 수 있게 만드는 힘이 됩니다.

하지만 이렇게 장황하게 설명해도 아이는 공부를 왜 해야 하는지 모르겠다고 말합니다. '왜 공부를 해야 하는지 모르겠다'는 말은 '하기 싫다'는 의미입니다. 공부의 필요성이 납득되지 않는 것입니다.

정성스런 설명도 아이의 마음을 움직이지 못하는 이유는 부모가 간과한 사실이 하나 있기 때문입니다. 아이의 시간과 부모의 시간은 다릅니다. 부모는 아이의 미래를 생각해 공부의 필요성을 설명하지만 아이는 현재를 삽니다. 아이는 한 달 후, 1년 후의 미래도 상상하기 어렵습니다. 그래서 20년 후, 30년 후 어른이 되어 잘살려면 공부를 해야 한다는 부모의 말은 아이의 마음을 움직일 힘이 없습니다.

따라서 "공부는 그냥 하는 거야"라고 알려주면 됩니다. 당연히 해야 하는 일을 하는데 긴 설명은 필요 없습니다. 학생이 공부하는 것은 당연한 일입니다. 부모가 가족을 위해 경제 활동을 하고, 식사 준비를 하는 것처럼 말입니다.

대신 '아이가 공부를 대하는 태도'에 대해 이야기해야 합니다. 공부하는 과정에서 단순히 학업능력을 키우는 것뿐만 아니라 삶에 대한 태도를 배웁니다. 등교시간을 지키고, 놀고 싶은 마음을 참고 매일 정해진 시간에 계획된 양의 공부를 하면서 성실함과 책임감을 체득하게 됩니다. 이것은 성공의 기초가 되는 중요한 자질이라는 것을 알려주세요.

성실함과 책임감은 자존감과도 연관이 있습니다. 자신이 신뢰를 받고 의지가 되는 사람이라는 것을 알 때 자존감이 높아집니다. '네가 최고야'라는 부모의 말이 아이의 자존감을 높여주는 것이 아닙니다. 사회뿐만 아니라 아이의 세계에서도 평가 기준은 같습니다. 믿음이 가고 정직하며 자신의 의무를 다할 수 있는 아이를 친구들이 따르고 좋아합니다.

2000년대 초 미국 명문대생의 자살이 사회적 이슈가 된 적이 있습니다. 2004년 하버드 교내 신문 〈하버드 크림슨〉의 조사에 따르면 하버드 학생 80%는 적어도 1년에 한 번씩은 우울증을 경험하고, 47%의 학생은 심각한 수준의 우울증을 경험한 적이 있으며, 그중 10%는 자살을 생각했다고 합니다.

우리나라도 다르지 않습니다. 2013년에 서울대 보건진료소는 서울대 학부 및 대학원생 4300여 명을 대상으로 학생정기건강검진을 하고 그 결과를 분석했습니다. 서울대 재학생 4명 중 1명 이상이 우울 증세를 보이고 있으며, 12%는 자살을 생각하거나 시도한 적이 있다고 보고했습니다.

모두가 부러워할 서울대생들이 자살을 생각하는 이유는 무엇일까요? 그 이유는 우울 및 절망(55.4%), 학업 문제(26.1%), 취업 및 진로 문제(23.7%), 가족 갈등(22.5%) 순이었습니다. 자신이 최고인 줄 알았는데 자신보다 더 뛰어난 사람들이 세상에 많고, 대학 입학이라는 목표만을 향해 달려온 뒤의 허무함 등 절망감을 느끼는 이유는 다양할 것입니다.

결과만 중요하게 여기면 원하는 결과가 아닐 때 견디지 못합니다. 평생 1등만 할 수는 없습니다. 1등이 아니어도 괜찮다는 것을 알려줘야 합니다.

한 부모 강연에서 이 이야기를 했더니 "공부로 먹고살 거 아니니까 공부 못해도 괜찮다고 말해줘요"라고 말하는 분이 있었습니다. 아이가 공부 스트레스를 많이 받지 않기를 바라는 마음이었을 겁니다. 하지만 이것은 아이의 공부 의욕을 떨어뜨리게 하고, 아이의 미래를 부모가 결정해 버리는 말입니다.

아이가 스트레스를 받을 상황을 없애기보다는 잘 이겨낼 수 있는 힘을 길러줘야 합니다. 헬리콥터 부모에 이어 잔디깎기 부모라는 신조어가 생겼습니다. 헬리콥터 부모가 아이 주변을 맴돌다 어떠한 문제가 생겼을 때 바로 착륙해 해결해주는 부모였다면, 잔디깎기 부모는 아이에게 일어날 모든 문제를 다 치워 없애주는 부모입니다.

예방 접종을 하지 않으면 항체가 생기지 않듯 아이가 실패와 어려움을 겪지 않으면 회복탄력성을 키울 기회를 잃게 됩니다. 노력을 한다고 다 잘할 수는 없습니다. 열심히 했지만 마음에 들지 않는 결과를 받을 수도 있습니다.

이때 "많이 애썼는데, 결과가 아쉬워 속상하겠다. 그래도 최선을 다한 네가 참 자랑스럽다"라는 말로 결과와 상관없이 사랑받고, 인정받고 있음을 느끼게 해주세요. 일생 동안 한 번도 넘어지지 않기를 바라기보다 아이 스스로 툭툭 털고 일어날 수 있는 힘을 길러주어야 합니다. 공부에서 점수보다 중요한 것은 많습니다.

공부 습관을 만들 때
반드시 지켜야 하는 원칙

습관을 형성하는 데 걸리는 시간에 관한 연구 결과는 다양합니다. 맥스웰 몰츠Maxwell Maltz 박사는 저서 《성공의 법칙》에서 "습관을 형성하려면 21일이 걸린다"고 했습니다. 가장 널리 알려진 그의 연구에 따르면 뇌에 시냅스(신호 연결)가 만들어져 행동이 습관화되는 데 최소 21일 걸립니다. 이와 관련된 다양한 연구가 이어지다가 런던대학의 연구팀은 새로운 행동이 습관화되는 데 최소 21일이 걸리며 습관으로 자리 잡는 데는 66일이 걸린다고 밝혔으나, 최근 미국 캘리포니아공대 연구팀은 '습관이 만들어지는 데 걸리는 특정 시간은 없다'고 발표했습니다.

이처럼 개인의 상황과 목표에 따라서 습관 형성에 필요한 시간은 달라질 수 있지만, 핵심은 꾸준하게 매일 실천해야 된다는 것입니다.

우리는 최고의 영역에 오른 사람이 재능만으로 그 자리에 오르지 못했다는 것을 알고 있습니다. 강수진 발레리나의 울퉁불퉁한 발과 축구선수 박지성 선수의 굳은살이 가득한 발 사진 앞에서 숙연해지는 것은 천재라는 이름 뒤에 숨겨진 그들의 성실한 노력을 짐작할 수 있기 때문입니다.

현역 시절 피겨여왕 김연아 선수의 하루를 동행하며 취재한 프로그램이 있었습니다. 아이스링크에서 무표정하게 스케이트화 신발끈을 묶는 그녀에게 "힘들지 않아요? 힘들 때 무슨 생각 해요?"라는 질문에 김연아 선수는 "그냥 하는 거죠. 생각은 무슨 생각을 해요"라고 답했습니다.

습관은 우리 일상과 성공에 중요한 역할을 합니다. 습관이 되면 매번 결정을 내리고 노력을 기울일 필요가 없으므로 에너지와 시간을 절약할 수 있습니다. 뇌는 많이 게으릅니다. 또한 생존을 위해 최소한의 에너지를 쓰는 효율적인 신체 기관이기도 합니다. 새로운 것을 생각하고 결정하는 것은 많은 에너지를 필요로 하는데, 좋은 습관은 뇌가 익숙하게 받아들여 지속할 수 있게 만듭니다.

또한 습관은 지속적인 변화를 이끌어냅니다. 일회성의 노력은 결과를 일시적으로 얻게 하지만, 습관은 그 결과를 오랫동안 유지할 수 있도록 도와줍니다. 벼락치기 공부로 코앞에 닥친 시험의 성적을 올리고, 단기간의 다이어트로 체중을 줄일 수는 있습니다. 하지만 꾸준한 공부 습관은 좋은 성적을 넘어 성취감과 자기효능감을 느끼게 하고, 규칙적인 운동과 식습관은 일시적인 체중 감량을 넘어 건강을 유지하게 합니다.

또한 습관은 목표 달성에 중요한 역할을 합니다. 첫째 아이가 초등 1학년 때의 일입니다. 저녁 식사 후 잠든 아이가 자다 일어나 울었습니다. 평소 하지 않던 행동에 놀라 물었습니다.

"어디 아파?"

"아니요. 완전히 망했어요."

"잘 자고 일어나서 뭐가 망했어?"

"깜깜한 밤이잖아요. 시험 공부 못했는데 망했어요."

다음 날 볼 시험을 걱정하는 마음은 기특했지만, 문제를 대하는 태도를 알려줘야겠다고 생각했습니다.

"지훈아, 모든 문제에는 답이 있어. 그런데 답을 찾을 생각은 하지 않고 망했다고만 생각하면 정말 망한 거야."

"모든 문제에는 답이 있어요?"

"그럼, 모든 문제는 해결할 수 있지. 네가 지금 가장 걱정하는 게 뭐야?"

"너무 늦어서 공부할 시간이 없는 거요."

"지금 졸리니?"

"아니요."

"그럼 늦은 시간이 문제가 될까?"

"아니요."

"그럼 어떻게 하면 될까?"

"지금부터 공부하면 돼요."

"그래, 그러면 되겠구나. 지훈이 문제가 해결되었네?"

공부 습관이 잡혀 있었더라면 시험 대비를 미리 할 수 있었을 것입니다. 대답하고 방긋 웃으며 돌아서는 아이는 노력한 만큼의 결과가 따라온다는 것을 이미 알고 있었습니다.

초등부터 중고등까지 12년 동안 학교에서 배우는 것은 지식만이 아닙니다. 그 과정에서 노력의 중요성, 자기관리 및 시간관리, 도전과 실패에 대한 자세 등 삶의 태도를 배웁니다. 지속적인 성장을 위해서는 공부 습관이 필요합니다.

공부 습관을 만들 때 반드시 지켜야 하는 원칙

1. 일정한 시간과 장소 선택

매일 정해진 시간과 장소에서 공부를 시작하는 것이 좋습니다. 공부하는 시간을 예측할 수 있으면 공부를 마친 이후의 시간을 어떻게 활용할지 계획을 세울 수 있고 그것만으로 동기부여가 됩니다.

2. 목표 설정

각 과목 챕터마다 명확한 목표를 설정해야 합니다. 어떤 주제나 과제에 집중할 것인지 계획이 있으면 아이는 더 집중할 수 있습니다.

초등학교에 입학하면 아이 스스로 공부를 주도한다는 생각이 들게 하는 것이 좋습니다. 채점을 아이 스스로 하면 엄마가 검사한다는 느낌이 들지 않습니다. 공부를 처음부터 끝까지 내가 주도하고 책임진다는 느낌을 가질 수 있습니다.

3. 일정한 스케줄 유지

가능하면 매일 또는 주 단위로 일정한 공부 스케줄을 유지하는 것이 좋습니다. 일관된 노력이 습관을 형성하는 데 도움이 됩니다. 습관은 매일 반복적으로 하는 규칙성이 있을 때 더 빨리 만들어집니다.

4. 작은 목표 설정

큰 목표를 작은 단위로 나누어 설정해야 합니다. 이렇게 하면 성취감을 얻을 기회가 늘어나 동기부여가 됩니다. 또한 처음부터 큰 목표가 부담스럽지 않아 의욕과 자신감을 잃지 않습니다.

5. 동기부여

아이 스스로 왜 공부해야 하는지에 대한 명확한 이유를 찾거나, 이유를 만들 수 있는 시간을 갖고 종이에 적게 해주세요. 초등 저학년의 경우 공부의 의미와 가치를 이해하는 것이 어렵습니다. 하지만 이러한 생각을 학창 시절 내내 한 번도 하지 않는다면 '공부를 통해 얻는 의미와 가치'를 제대로 이해하지 못할 수 있습니다.

6. 정리와 복습

학습한 내용을 정리하고 복습하는 습관을 기르게 해야 합니다. 공부한 내용은 장기기억장치로 영구 보관되기 전에 기억의 임시저장소 해마에 저장됩니다. 이때 해마에 임시 저장된 정보가 장기기억으로 넘어가게 만드는 방법이 복습입니다.

7. 긍정적인 피드백

아이의 노력에 대해 긍정적인 피드백을 주는 것이 중요합니다. 성취를 인정하고 칭찬하는 것은 동기부여가 됩니다. 칭찬은 즉시 그 자리에서 어떤 점이 나아졌는지 구체적으로 하는 것이 좋습니다.

8. 다양한 학습 자료 활용

책, 온라인 강의, 유튜브 등 다양한 학습 자료를 활용하면 아이의 학습 과정을 더욱 흥미롭게 만들 수 있습니다. 책으로 영어 문장을 공부했으면, 영상으로 복습하는 식의 방법이 공부를 더 즐겁게 할 수 있게 만듭니다.

9. 공부 메이트

공부 파트너나 그룹을 형성하여 함께 학습하고 서로 도움을 주고받을 수 있습니다. 형제의 나이 차이가 많이 나지 않는다면 함께 공부하고 바꿔서 채점하기, 영어단어 교대로 불러주기 등을 함께할 수 있습니다. 이런 시간들이 늘어나면 부모가 없어도 스스로 공부하게 됩니다.

10. 인내심

습관을 형성하는 데 시간이 걸릴 수 있으므로 인내심을 가지고 지속적으로 노력해야 합니다. 어렵지만 꾸준히 하는 시간이 필요하다는 것을 알려줘야 합니다. 성장은 우상향 그래프가 아니라 계단식으로 나타납니다.

공부 습관을 만들어주는 것이 쉬운 일은 아닙니다. 또한 습관이 어느 정도 잡혔다고 하더라도 매일 먹는 밥도 어느 날은 먹기 싫은 날이 있는 것처럼 기복이 있을 수 있습니다. 공부도 집중이 잘될 때가 있고 안 될 때도 있습니다. 체기가 있을 때는 한 끼 굶는 것이 속을 편하게 하는 방법입니다. 아이 공부도 그런 마음가짐으로 대해야 합니다. 습관을 들인다는 이유로 아이가 공부에 체하게 만들어서는 안 됩니다.

공부 습관을 만드는 과정에서 무엇보다 중요한 것은 공부를 대하는 아이의 감정입니다. '공부는 재미없으니 당연히 힘들지'라는 것은 부모의 선입견입니다. 놀이식 공부만 재미있는 것이 아니라 진짜 공부도 재미있을 수 있습니다.

"오늘은 새로운 거 공부하네? 기대되겠다."
"엄마는 이거 처음 알고 진짜 기분 좋았어. 엄청 똑똑해진 기분이 들었거든.”

이처럼 공부에 대한 긍정적인 감정을 알려주세요. 아이가 배움의 즐거움을 더 많이 느낄 수 있게 됩니다.

욕하는 아이,
어떻게 변화시켜야 할까?

첫째 아이가 초등학교 2학년 때의 일입니다. 제 맞은편 책상에서 책을 보며 그림을 그리던 아이가 있는 쪽에서 들린 말이라 처음에는 제 귀를 의심했습니다.

"씨발!"

남자아이지만 또래보다 유난히 순하고 여려서 걱정했는데 지금 무슨 소리를 들었나 싶었습니다. 정신을 차리지 못하고 멍하니 아이를 쳐다보고 있는데 같은 말을 다시 듣고 말았습니다. 그제야 제가 들은 것이 잘못 들은 말이 아님을 깨닫고 심호흡을 했습니다.

"지훈아, 엄마가 지금 들은 말이 뭐지?"

아이가 순한 눈망울로 저를 쳐다봅니다. '세상에, 저 착한 얼굴로 욕을 했다고?' 여전히 믿고 싶지 않았지만 흔들림 없는 표정으로 아이를 봤습니다. 아이는 금방 자신의 잘못을 인정했습니다.

"엄마, 죄송해요."

"네가 지금 무슨 말을 했지?"

"욕했어요."

"그래, 그 말이 나쁜 말인줄 알고 있구나. 엄마는 지훈이가 나쁜 말을 해서 정말 놀랐어."

"네, 죄송해요."

"욕한 이유가 있을 거야. 엄마한테 알려줄 수 있어?"

"사인펜으로 그림을 그리는데 잘못 그렸어요."

"그림이 마음대로 안 그려져서 화가 난 거야?"

"네, 앞으로는 욕 안 할게요."

"그래, 화가 나고 기분이 좋지 않다고 욕을 하면 안 돼. 그럴 때는 '으악! 속상해. 그림 망쳤네'라고 말하면 돼."

"네, 알겠어요."

자신의 잘못을 뉘우치는 아이에게 말의 힘에 대해 알려주기로 했습니다.

"지훈아, 말에 힘이 있다는 것을 알고 있니?"

"말에 힘이 있어요?"

"응, 영화에서 보면 마법사들이 마법을 쓰기 전에 주문을 외우잖아. 내가 지금 공격할 준비를 한다는 걸 상대방이 알면 불리한데도 말이야."

아이는 흥미로운 표정으로 이야기에 집중했습니다.

"말에 힘이 있기 때문에 소리를 내서 주문을 외우는 거야. 입밖으로 나오는 모든 말에는 힘이 있어. 좋은 말은 좋은 힘이 있고 나쁜 말에는 나쁜 힘이 있어. 좋은 힘을 가진 말은 사람을 기분 좋게 만들고 행복하게 해주지만, 나쁜 힘을 가진 말은 기분 나쁘고 아프게 만들어. 그런데 말을 하면 누가 제일 먼저 듣지?"

"상대방이요."

"상대도 듣겠지만 제일 먼저 듣는 사람은 바로 지훈이 너야. 네가 한 말은 다른 사람이 듣기 전에 네가 제일 먼저 들어. 그러니까 나쁜 말을 하면 그 나쁜 에너지가 너에게 제일 먼저 영향을 주는 거야. 자기 자신을 소중히 하고 사랑해야 한다고 엄마가 말해줬지?"

"네."

"나쁜 말은 자신을 소중하게 여기지 않는 행동이야. 그러니까 절대로 하면 안 돼."

"네, 죄송해요. 앞으로는 안 할게요."

"그래, 엄마는 너를 믿어."

이날 이후로 아이는 욕을 하지 않았습니다. 남자아이들 사이에서 욕을 친밀함의 표현으로 사용하는 시기가 온다고는 하지만 그때가 빨리 오지 않았으면 하는 게 모든 부모들의 바람일 것입니다. 저 또한 그랬습니다. 그래서 아이가 고학년 학생들과 어울릴 수 있는 학원도 피해서 보냈지만 욕을 배우는 것을 막지는 못했습니다.

중학생들은 대화에 욕을 섞어 하지 않으면 친구들과 어울리지 못한다고 합니다. 하지만 친구들과 어울리기 위해 욕을 하더라도 어른과 함께 있는 자리에서는 주의해야 한다는 것을 아이가 알고 있어야 합니다. 당연히 해도 된다고 생각하는 것과 잘못인 것은 알지만 친구들과 있을 때만 사용한다는 나름의 절충안을 세워 사용하는 것은 다릅니다.

거친 말을 하는 자신이 멋지지 않아 보이고, 욕을 할 때마다 마음이 불편한 아이는 사춘기 시절이 지나면 욕을 하지 않게 됩니다. 그러기 위해서는 욕이 자기 자신에게 가장 좋지 않은 영향을 준다는 것을 알고 있어야 합니다.

부모의 말습관도 돌아볼 필요가 있습니다. 훈육과 학대의 차이는 미묘합니다. 부모는 아이를 바른 길로 이끌려는 마음에서 한 말이라도 아이가 상처를 받았다면 그것은 훈육이 아니고 심리적 학대입니다. 성추행의 기준이 상대가 수치감을 느꼈는지 여부를 기준으로 삼는 것과 마찬가지입니다.

잘못된 훈육은 아이의 마음에 상처를 남깁니다.

"네가 그러면 그렇지."

"언젠가는 네가 그럴 줄 알았다."

아이의 잘못을 당연한 것처럼 취급해 버리는 말들입니다. 이런 취급을 받는 아이는 억울합니다. 억울한 아이는 부모의 충고를 자신을 위한 말이 아닌 그저 그런 잔소리로 치부합니다. 아이가 부모의 말을 잔소리로 받아들이는 순간, 훈육은 아이를 올바른 방향으로 이끄는 힘을 잃게 됩니다.

아이가 잘못을 했을 때 '단단히 혼을 내서 다시는 그런 일을 하지 못하게 하겠다'는 생각으로 훈육을 해서는 안 됩니다. 가장 저지르기 쉬운 실수가 아이 자체를 혼내는 것입니다. 훈육을 할 때는 아이의 잘못에 대해서만 이야기해야 합니다. 잘못을 했을 때 아이의 평소 습관, 성격, 과거에 잘못한 일까지 들추면 아이는 부모를 믿고 의지할 수 있는 존재로 생각할 수 없습니다.

숙제를 하지 않고 노는 아이에게 훈육을 해야 하는 상황이라면 "숙제는 학생과 선생님과의 약속이야. 약속은 지켜야 해. 오늘 못한 숙제는 언제 할 거니?"라고 아이가 숙제하지 않은 것만 이야기하면 됩니다. 그런데 "너는 게을러서 네가 할 일도 하지 않는구나"라는 식의 말은 아이를 '게으른 사람'으로 정의 내려버리는 것입니다.

숙제를 하지 않았을 뿐인데 게으른 사람이라고 단정 지어버리면 아이는 잘못을 인정하기보다는 '엄마는 너무해'라는 반발심이 생기게 됩니다. 반발심이 생긴 아이에게 훈육은 잔소리로도 들리지 않습니다. 비난하는 말로 받아들이게 됩니다.

아이의 잘못을 지금 당장 고치려는 마음이 앞서 '엄마는 착한 아이만 사랑해'라는 식의 말도 옳지 않습니다. 아이가 착하게 행동하기를 바라는 마음에 하는 말이겠지만 이런 말은 '부모의 사랑을 잃을 수도 있다'는 의미로 들려 아이를 겁나게 합니다. 무조건적인 사랑이 아닌 조건부 사랑은 아이를 불안하게 만듭니다. 부모는 아이가 무슨 잘못을 해도 마지막에 돌아갈 수 있는 안식처가 되어주어야 합니다.

아이가 극심한 죄책감에 시달릴 때에도, 아무에게도 말하지 못할 고민 때문에 숨죽여 울 때에도, 세상이 무너질 것 같은 좌절감이 들 때도 '부모님은 무슨 일이 있어도 나를 사랑해'라는 믿음을 갖게 해야 합니다. 이런 믿음을 가진 아이들은 사춘기를 혹독하게 겪어도 마지막 순간에는 부모에게 돌아옵니다.

말에는 힘이 있습니다. 아이의 눈높이로 설명한 마법사의 주문에만 말의 힘이 적용되는 것은 아닙니다. 사회적인 통념은 말의 힘을 보여주는 좋은 예입니다. '여자는 조신해야 해'라는 말을 듣고 자란 아이는 조신하지 않은 행동을 하면 마음이 불편해집니다. '남자는 울면 안 돼'라는 말을 듣고 자란 아이는 슬퍼도 울지 못합니다.

어린 시절 "무슨 여자아이 손이 이렇게 크니? 남자보다 더 크네"라는 말을 들은 아이는 어른이 되어서도 자신의 손을 남에게 보이기 부끄러워합니다. 부모에게서 '네가 그러면 그렇지. 잘할 리가 없지'라는 말을 듣고 자란 아이는 자신을 어떤 일도 잘할 수 없는 사람으로 여기게 됩니다.

반대로 부모의 사랑을 의심 없이 믿게 하며, 아이 스스로 어떤 일도 해낼 수 있는 사람으로 여기게 하는 말도 있습니다.

"너의 엄마라서 정말 감사해."

"엄마는 너를 믿어."

"너와 함께하는 시간이 정말 좋아."

"너는 진짜 중요한 사람이야."

"네가 최선을 다했다는 것을 알아."

"네 말을 잘 듣고 있어."

"언제나, 언제나, 언제나 너를 사랑해."

"그건 네가 진짜 잘하지."

부모의 말은 아이의 무의식에 새겨져 평생에 걸쳐 영향을 줍니다. 부모로부터 부정적인 말을 많이 들으면, 성인이 되어서도 일이 잘 풀리지 않을 때마다 '내가 그러면 그렇지. 잘될 수가 없지'라는 생각을 하게 됩니다. 반대로 긍정적인 말을 많이 들으면 '결국 난 해낼 거야'라는 생각을 하게 됩니다. 아이에게 들려주는 말 한마디도 신중하게 골라야 하는 이유입니다.

아이가 끊임없이
엄마를 부르는 진짜 이유

아이들은 수시로 엄마를 부릅니다. 아이가 하루에도 수십 번 부르는 "엄마"라는 소리는 아름답기보다는 일상의 언어, 혹은 조용한 나만의 시간을 방해하는 소리처럼 느껴집니다. 하지만 귀찮은 내색을 하지는 못하고 아이의 부름에 대답을 해줍니다. 대답하지 않으면 대답할 때까지 부르는 것이 아이이기 때문입니다. 수십 번의 부름 중에서 다급함이 묻어날 때가 있습니다.

며칠 전 딸아이가 "엄마, 빨리요. 빨리 와 봐요!" 하고 저를 불렀습니다. 저녁을 먹고 각자 할 일을 하는 시간에 아이가 저를 부르는 이유가 예상되었습니다. 분명히 또 무언가 '예쁜 것'을 만들어 두었을 것입니다. 목소리에 특히 다급함이 느껴지는 것을 보니 시간이 지나면 사라지는 '예쁜 것'인 것 같습니다. 최대한 밝고 명랑하게 아이가 부르는 곳으로 가 보니 요플레 위에 초코볼로 하트를 만들고 기대에 가득 찬 표정으로 저를 기다리고 있었습니다.

"와! 예쁜 하트를 보여주려고 엄마를 불렀구나"라고 대답을 하면서 아이 손에 묻은 요플레에서 시선이 떨어지지 않았습니다. 저걸 어디에 묻히면 어쩌나 싶은 걱정에 자꾸 손을 쳐다보니 아이가 멋쩍게 웃으며 "씻으면 돼요"라고 말합니다.

잠시 후에는 아들이 저를 데리러 왔습니다.

"엄마, 지금 제 방에 가서 같이 봐야 할 것이 있어요."

제 눈까지 가리고 요란스럽게 들어간 아들의 방에서 전 잠시 당황했습니다. 놀랄 준비를 하고 방에 들어갔는데, 무엇을 보고 놀라야 할지 알 수 없었기 때문입니다. 허공을 방황하는 제 눈을 보고 아들은 "엄마, 이거요. 이걸 봐야죠!"라며 벽 한곳을 가리켰습니다.

그곳에는 아이가 좋아하는 몬스터 도감의 캐릭터들이 전투를 하고 있었습니다. 잠시 칭찬할 말을 고민하다가 결국 웃으면서 "어우야, 엄마는 너무 무서운데? 밤에 잘 때 무섭지 않겠어?"

하고는 돌아섰습니다.

아이들은 엄마가 시큰둥한 반응을 보여도 지치지 않고 더 멋지고 좋은 것을 보여주려 애씁니다. 어릴 적 아이들은 편지인지 종이조각인지, 선물인지 망가진 물건인지 구분할 수 없는 것들을 매일 주었습니다. 더 이상 보관할 곳이 없어 선물을 버려야 할 때는 눈치 작전을 펼쳐야 했습니다. 그리고 아이 눈에 띄지 않게 몰래 버리거나, 선물이 없어진 것을 아이가 알아차리면 시치미를 뗐습니다.

그러던 어느 날 출근 준비를 하기 위해 연 화장대 서랍 안에 아이가 넣어둔 쪽지가 있었습니다. 한글을 배우기 전이라 쪽지에는 하트 하나와 알 수 없는 기호 같은 것이 적혀 있었습니다. 그 옆 양말 서랍에도, 그 아래 서랍에도 하트 하나와 외계어가 적힌 쪽지가 있었습니다. 글도 모르는 아이가 엄마의 동선을 생각해 넣어둔 쪽지는 제 가방 안에서 끝났습니다. 엄마를 기쁘게 할 생각을 하며 하나씩 쪽지를 넣었을 아이의 마음을 생각하니 코끝이 찡해왔습니다. 그 후로는 아이의 마음이 보여 선물을 버릴 수 없었습니다.

아이가 그린 그림은 전부 액자에 보관하고 있습니다. 그림 100장을 넣을 수 있는 액자를 벽에 걸어두고 가장 최근에 그린 그림을 제일 바깥에 나오게 했습니다. 한 번에 여러 장의 그림을 그렸을 때는 아이가 신중하게 그림을 고릅니다. 액자에 넣을 수 없을 만큼 작은 그림들은 오려서 화장대 유리 아래에 넣어두었습니다. 아이는 자신의 그림을 소중하게 보관하는 엄마를 보며 미소를 짓습니다. 그리고 의도가 훤히 보이는 질문을 합니다.

"엄마, 이 그림을 왜 여기에 넣어요?"

"보고 있으면 행복해지거든."

"제가 그린 그림을 보면 엄마가 행복해져요?"

"응, 이 그림을 보니까 엄마가 행복해."

기대 이상의 대답을 들은 아이는 만족한 표정으로 돌아섭니다. 저는 이런 아이의 표정을 보면 아이와의 사이에 보이지 않는 끈이 더 단단해지는 느낌이 들어 행복해집니다. 아이가 다섯 살에 그렸던 그림은 5년이 지난 지금도 제 화장대에 그대로 있습니다.

"엄마, 이 그림 왜 계속 가지고 있어요?"

"보고 있으면 행복해져."

"아직도 그래요?"

"응, 보고 또 봐도 행복해."

아이는 엄마를 행복하게 하기 위해 무던히 애를 씁니다. 그리고 사랑을 받기 위해 끊임없는 시도를 합니다. 아기의 신체는 성인에 비해 머리의 비율이 월등히 큽니다. 이는 머리가 큰 모습이 귀엽고 사랑스러워 돌봄을 받기 유리하기 때문입니다. 다른 동물에 비해 신체 능력이 월등히 떨어져서 부모의 돌봄을 받지 않으면 생존을 할 수 없는 인간이 생존 확률을 높이기 위해 사랑받기 좋은 조건으로 태어나는 것이라 합니다.

갓난아기가 자면서 웃는 모습을 보고 배냇짓이라고 하는데 의미 없는 웃음인 줄 알면서도 엄마는 아이의 미소를 보면 행복합니다. 아이가 마치 나를 보고 일부러 웃어주는 것 같습니다. 조금 더 자라면 입술 가득 침을 묻힌 채 뽀뽀를 하려고 가까이 오고, 짧은 팔로 하트를 만들려고 자기 머리를 두드립니다.

첫째 아이가 돌이 갓 지났을 무렵 윗몸일으키기를 하나 성공하면 할아버지, 할머니를 포함한 모든 식구들이 박수를 치며 좋아했습니다. 그러자 그 이후로 아이는 윗몸일으키기를 하고 나면 박수를 치고 웃어줄 때까지 기다렸습니다. 아이는 윗몸일으키기를 하면 어른들이 좋아한다는 것을 알고 그 행동을 반복해서 했던 것입니다.

아이는 누가 시키지 않아도 부모가 행복해할 행동을 계속 합니다. 많은 엄마들이 미쳐버리겠다고 말하는 "엄마, 엄마, 엄마"를 쉬지 않고 부르는 이유도 사랑받기 위한 행동입니다. 자신이 어릴 때(지금도 어리지만 그보다 더 예전에) 엄마를 부르면 웃으면서 자신을 봐주었던 기억이 있어서 엄마가 웃기를 바라며 여러 번 부르는 것입니다.

"엄마!" "응." "엄마!" "응." "엄마!" "왜!"

이유 없이 자꾸 부르는 아이의 소리에 저도 모르게 목소리가 날카로워집니다.

"엄마, 왜 나 안 봐요."

아이는 웃는 엄마의 얼굴이 보고 싶고, 눈 한 번 마주치고 싶어서 부르지만 엄마는 아이의 부름에 '또 뭘 해달라고 하려나?' 라는 생각이 듭니다. 지금 이 순간에 아이에게 할애할 시간은 계획에 없었기 때문에 아이의 부름을 모르는 척하고 싶어집니다.

추운 겨울, 아이들과 서둘러 집으로 걸어가는 길이었습니다. 날이 생각보다 추워서 발걸음을 더 재촉하고 있는데, 아이가 또 "엄마"를 부릅니다. 이번에는 무슨 일로 엄마를 부르는 것일지 천천히 고개를 돌리니 하늘을 뚫어져라 쳐다보는 두 아이가 서 있습니다.

"엄마, 움직이지 말아요. 빨리 하늘을 보세요! 지금 엄마 머리 위에 별이 있어요."

두 아이가 서로 마주보며 환하게 웃는 미소는 제가 아이들에게 받은 큰 선물입니다. 아이들은 엄마에게 별을 선물했지만 엄마는 아이들의 눈부신 미소를 받았습니다.

아이는 매 순간 좋은 것을 엄마와 함께하고 싶어 합니다. 아이가 어려도, 초등학생이 되어도 마찬가지입니다. 아이가 엄마를 부르는 이유는 변함없는 데 변한 것은 엄마일지도 모르겠습니다.

'바다는 물을 찾지 않아도 됩니다'라는 책의 한 구절이 떠오릅니다. 아이에게 따뜻한 사랑을 넉넉하게 주세요. 아이가 사랑을 찾게 하지 마세요. 아이가 끊임없이 엄마를 부르는 이유는 더 많은 사랑을 받고 싶어서 일지도 모릅니다.

바다가 물을 찾지 않듯이 아이도 사랑을 찾지 않아도 될 만큼 사랑을 가득 느낄 수 있어야 합니다. 조건 없이, 노력 없이 자연스럽게 받는 것이 사랑입니다.

부모의 말이 아이의 인생이 된다

1판 1쇄 발행 2024년 5월 27일

지은이 박수현
발행인 오영진 김진갑
발행처 (주)심야책방

책임편집 박수진
기획편집 유인경 박민희 박은화
디자인팀 안윤민 김현주 강재준
마케팅 박시현 박준서 김수연 김승겸
경영지원 이혜선

출판등록 2006년 1월 11일 제313-2006-15호
주소 서울시 마포구 월드컵북로5가길 12 서교빌딩 2층
독자 문의 midnightbookstore@naver.com
전화 02-332-3310 **팩스** 02-332-7741
블로그 blog.naver.com/midnightbookstore
페이스북 www.facebook.com/tornadobook

ISBN 979-11-5873-301-8 (03590)